Mathematik 9/10

Diagnostizieren und Fördern

Arbeitsheft

für Schülerinnen und Schüler

Herausgegeben
und erarbeitet
von
Udo Wennekers

unter
Mitarbeit
der Verlags-
redaktion

Berechnungen am Kreis
Körper

Cornelsen

Wo finde ich was?

Mathematik 5/6

Arbeitsheft
für Schülerinnen und Schüler

Diagnostizieren und Fördern

Lösungen

Berechnungen am Kreis
Körper

Cornelsen

Inhaltsverzeichnis

Berechnungen am Kreis

Vorwissen

Ausgangsdiagnose

Nr.	w	f	Bemerkungen oder Lösungswege können teilweise nur beispielhaft sein, weil es verschiedene Möglichkeiten geben kann.
8 1	×		korrekte Umwandlungen
		×	$0{,}04\ \text{m} = 0{,}000\,04\ \text{km}$
		×	$3\ \text{m}^2 = 300\ \text{dm}^2 = 30\,000\text{cm}^2 = 3\,000\,000\ \text{mm}^2$
		×	$21 \cdot 29{,}7\ \text{cm}^2 \approx 624\ \text{cm}^2$
		×	$1\ \text{km}^2 = 100\ \text{ha}$
2	×		$u = 4 \cdot 8\ \text{cm} = 32\ \text{cm};\quad A = 8^2\ \text{cm}^2 = 64\ \text{cm}^2$
		×	$u = 2 \cdot (4\ \text{m} + 12\ \text{m}) = 32\ \text{m}$
	×		Bei gleichem Umfang ist a gleich und somit auch A.
		×	Gegenbeispiel: $a_1 = 2$ cm; $b_1 = 6$ cm; $a_2 = 3$ cm; $b_2 = 4$ cm; $A_1 = A_2 = 12\ \text{cm}^2$; $u_1 = 16$ cm; $u_2 = 14$ cm
3		×	Es muss multipliziert werden, das Produkt dann durch 2 geteilt werden.
	×		Das ist die korrekte Formel.
		×	$A = \frac{(1+5)}{2} \cdot 3\ \text{m}^2 = 9\ \text{m}^2$
	×		Das ist korrekt und entspricht der Flächenberechnungsformel für Dreiecke.
	×		Das ist korrekt, denn $5 \cdot 8{,}7\ \text{cm}^2 = 43{,}5\ \text{cm}^2$.
9 4		×	Die Zerlegungsmöglichkeit ist korrekt. Es ist aber ein Fünfeck.
		×	Bei der Zerlegung in ein Quadrat ist die andere Figur ein Trapez.
		×	Die „Berührungsseiten" zählen nicht mit, also $u = 22{,}8$ cm.
	×		Die Flächeninhalte setzen sich entsprechend zusammen.
	×		Diese Zerlegung ist möglich.
		×	Das ist die Ergänzungsmethode, um Flächeninhalte zusammengesetzter Figuren zu berechnen.
5		×	$x = 2$
		×	$x = -4$
	×		Die Rechnung ist korrekt.
	×		Die Rechnung ist korrekt.
	×		Die Rechnung ist korrekt.
	×		Die Rechnung ist korrekt.
	×		Das Quadrat müsste -36 betragen und das ist nicht möglich.

Förderangebot

10 **1 a)** (3 dm) (3000 m) (0,3 m) (300 dm) (3 cm)
(300 mm) (0,3 dm) (30 m) (3000 cm) (3 km)
(0,03 m) (0,03 km) (30 cm) (30 000 dm)

b) $3\ \text{km}^2$ ($30\ \text{cm}^2$) 30 ha ($3\ \text{m}^2$) ($30\,000\ \text{mm}^2$)
($0{,}3\ \text{dm}^2$) ($3\ \text{dm}^2$) ($300\ \text{dm}^2$) ($0{,}03\ \text{m}^2$) ($0{,}003\ \text{m}^2$)
($30\,000\ \text{cm}^2$) ($300\ \text{cm}^2$)

2 **a)** dm **b)** m **c)** cm **d)** m **e)** m **f)** mm **g)** m **h)** mm
i) mm **j)** dm^2 **k)** m^2 **l)** m^2 **m)** mm^2 **n)** dm^2 **o)** cm^2

10 **3**

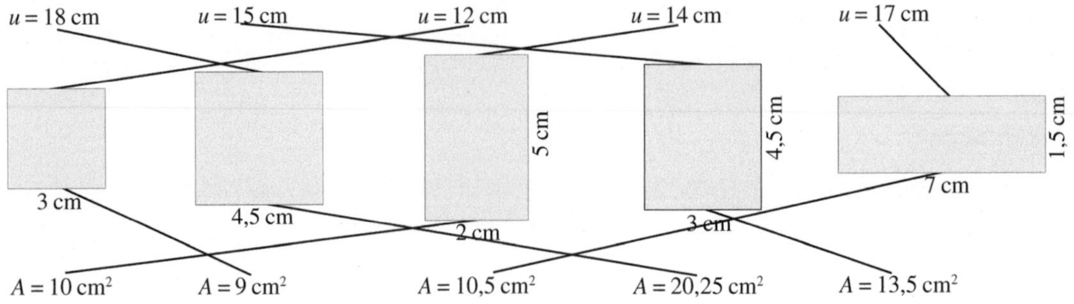

4

a	7 cm	9 m	**10,5 mm**	8 m	0,25 km	**8 cm (3 cm)**
b	2,5 cm	**10 m**	5 mm	5 dm	**0,2 km**	**3 cm (8 cm)**
u	**19 cm**	38 m	**31 mm**	**170 dm**	**0,9 km**	22 cm
A	**17,5 cm²**	**90 m²**	52,5 mm²	**400 dm²**	5 ha	24 cm²

11 **5** ① Ⓒ; ② Ⓔ; ③ Ⓓ; ④ Ⓐ; ⑤ Ⓕ; ⑥ Ⓑ

6 ① fünfte Seite $\approx 5{,}4$ cm; $u \approx 32{,}4$ cm; $A = 55$ cm²
② schräge Seiten je $\approx 4{,}5$ m; $u \approx 22{,}9$ m; $A = 32$ m²
③ kurze schräge Seite $\approx 3{,}2$ dm; lange schräge Seite $\approx 4{,}2$ dm; $u \approx 17{,}4$ dm; $A = 15$ dm²

7 **a)** $3x + 7 = 2x - 5 \quad | -2x$
$x + 7 = -5 \quad | -7$
$x = -12$

b) $\frac{3}{4}x - \frac{1}{2} = 2x + 3\frac{1}{4} \quad | -\frac{3}{4}x$
$-\frac{1}{2} = \frac{5}{4}x + 3\frac{1}{4} \quad | -3\frac{1}{4}$
$-\frac{15}{4} = \frac{5}{4}x \quad | : \frac{5}{4}$
$-3 = x$

c) $4x^2 = 1 \quad | : 4$
$x^2 = \frac{1}{4}$
$x_1 = -\frac{1}{2}$
$x_2 = \frac{1}{2}$

Nachdiagnose

12 **1** **a)** dm **b)** mm **c)** m **d)** cm **e)** km **f)** mm **g)** dm² **h)** cm²
i) m² **j)** cm² **k)** km² **l)** ha je ❶

2

a	8 cm	4 mm	5 m	**8 km**	250 m	**16 mm (0,5 mm)**
b	6,5 cm	3 cm	**3,5 m**	0,5 km	**80 m**	**0,5 mm (16 mm)**
u	**29 cm**	**68 mm**	17 m	**17 km**	**660 m**	33 mm
A	**52 cm²**	**120 mm²**	**17,5 m²**	4 km²	2 ha	8 mm²

je ❶

3 **a)** 12,5 cm² ❷ **b)** 12 cm² ❷ **c)** 25 cm² ❷ **d)** 13,5 cm² ❷

13 **4** ① $u = 54$ dm ❶; $A = 97$ dm² ❶
② schräge Seite $\approx 4{,}2$ cm ❷; $u \approx 24{,}2$ cm ❶; $A = 28{,}5$ cm² ❶
③ schräge Seiten je $\approx 6{,}2$ cm ❷; $u \approx 23{,}4$ dm ❶; Dreieckshöhe $\approx 2{,}6$ cm ❷; $A \approx 34{,}9$ cm² ❶

5 **a)** $x = 3$ ❷ **b)** $x = 12$ ❷ **c)** $x = 0$ ❷ **d)** $x_1 = -3$; $x_2 = 3$ ❷

Kreisumfang

Ausgangsdiagnose

w	f	Bemerkungen oder Lösungswege können teilweise nur beispielhaft sein, weil es verschiedene Möglichkeiten geben kann.

14 **1**

w	f	
×		korrekte Definition für die Kreiszahl
×		korrekte Rundung
×		korrekte Eigenschaft der Kreiszahl
	×	π ist irrational.

2

w	f	
	×	Es gilt $u = \pi \cdot d$.
×		Die Rechnung und Rundung ist korrekt.
	×	Der Umfang muss halbiert und durch π geteilt werden.
×		Der Proportionalitätsfaktor ist 2π.

14 3

×		Die Formel ist korrekt.
×		Mit $b \approx 5{,}2$ cm ist die Rundung ca. 5 cm korrekt.
	×	Die umgestellte Formel lautet $r = \frac{180° \cdot b}{\pi \cdot \alpha}$.
	×	Die Länge des Kreisbogens vervierfacht sich.

15 4

	×	Der Mittelpunktswinkel für den Kreisbogen beträgt 270°.
	×	Es müssen auch die gestrichelten Quadratlängen abgezogen werden, also 10 cm.
×		Der Berechnungsterm wurde richtig aufgestellt.
×		Ergebnis und Rundung sind korrekt.

5

	×	Umfang des Kreises aus den zwei Halbkreisen plus die zwei längeren Rechteckseiten
×		$\pi \cdot 64$ m $+ 2 \cdot 100$ m ≈ 401 m, also ist die Angabe mit ca. 400 m korrekt.
	×	Hier wurde zu grob gerundet. Vorsprung besser ca. 12,6 m.

Förderangebot

16 **1** Begriffe nacheinander: Umfang; Durchmesser; Kreiszahl; π; nicht periodische; nicht abbrechende; rationale; Bruch; $\frac{22}{7}$

2 (3,14) ~~3,1415~~ ~~3,141~~ ~~3,15~~ ~~3,2~~ (3,1416) (3,142) (3,1)

3

r	4 cm	3,2 m	**4 mm**	**0,65 dm**	**≈56,0 m**	**≈0,16 m**
d	**8 cm**	**6,4 m**	8 mm	1,3 dm	**≈112,0 m**	**≈0,32 m**
u	**≈25,1 cm**	**≈20,1 m**	**≈25,1 mm**	**≈4,08 dm**	351,8 m	1 m

4 $u \approx 18{,}2$ cm Der Umfang ist größer als die Höhe des Glases.

5 **a)** Erde $r \approx 6378$ km; Sonne $u \approx 4{,}373$ Mio. km
b) $r_{Sonne} \approx 109\, r_{Erde}$; Die Styroporkugel der Sonne müsste rund 5,46 m Durchmesser haben.

17 **6** **a)** $u \approx 160{,}2$ m **b)** Abstand ca. 32 cm auf der Kreislinie
c) individuelle Schätzwerte; z.B.: Schrift ca. doppelt so viele Lampen wie Ring, also ca. 1500 Lampen (Tatsächlich sind es 1712 Lampen.)

7 **a)** $b \approx 12{,}6$ cm **b)** $b \approx 7{,}9$ m **c)** $\alpha = 28°$; $r = 4{,}5$ cm; $b \approx 2{,}2$ cm

8

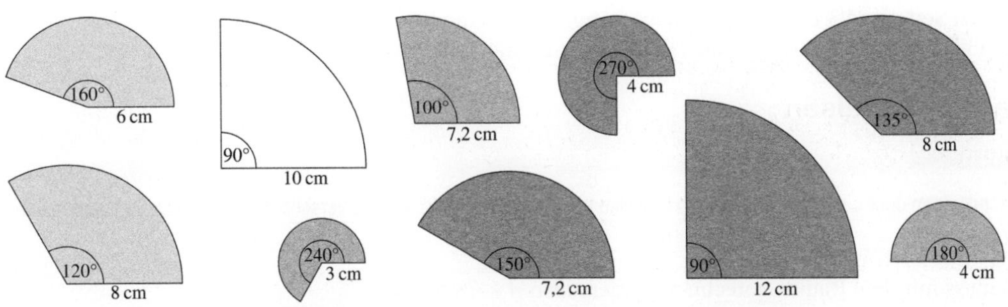

9

r	5 cm	**1,5 dm**	**2,55 km**	7 cm	**37,5 m**	**≈0,76 km**
d	**10 cm**	3 dm	5,1 km	**14 cm**	75 m	**≈1,53 km**
α	60°	45°	310°	**≈125,2°**	**≈240,0°**	75°
b	**≈5,2 cm**	**≈1,18 dm**	**≈13,80 km**	15,3 cm	157,1 m	1 km

18 **10** **a)** $u \approx 38{,}8$ cm **b)** $d_{Halbkreis} \approx 6{,}0$ dm; $u \approx 22{,}7$ dm **c)** $d_{Halbkreis} \approx 11{,}20$ m; $u \approx 42{,}6$ m
d) $u \approx 22{,}3$ cm

11 **a)** $1000 : 285{,}71 \approx 3{,}5$ Die Radrennbahn erfüllt die Bedingungen. 3,5 Runden ergeben 1000 m.
b) $(285{,}71 - 51{,}84) : 2 \approx 116{,}9$ [m] Die Geraden sind ca. 116,9 m lang.
c) $233{,}9 + 83{,}3 \approx 317{,}1$ [m] In einer Runde fährt er ca. 317,1 m.

19 **12 a)** $u \approx 549{,}8$ mm **b)** Abstand auf der Kreislinie ca. 19,6 m **c)** $v \approx 15{,}7\,\frac{\text{m}}{\text{min}}$; $v \approx 0{,}9\,\frac{\text{km}}{\text{h}}$

d) pro Fahrt vollbesetzt 1120 Passagiere
Annahme Öffnungszeiten ca. 12 h pro Tag; Annahme 1 Fahrt pro h, also ca. 147 000 €
Annahme 5 Tage pro Woche geöffnet, also ca. 38 Mio.
Die Einnahmeerwartung könnte realistisch sein.

13 a) 10 cm **b)** $u \approx 37{,}7$ cm **c)** richtig; $\frac{1}{2} \cdot \pi \cdot 6\text{ m} + \frac{1}{2} \cdot \pi \cdot 8\text{ m} + \frac{1}{2} \cdot \pi \cdot 10\text{ m} = \frac{\pi \cdot (6+8+10)}{2}\text{ m}$

Nachdiagnose

20 **1** ① π ist eine nicht abbrechende Dezimalzahl. ❶
② richtig; $3{,}1 < 3{,}14\ldots < 3{,}2$ ❶
③ π ist das konstante Verhältnis von u zu $2r$, also $\pi = \frac{u}{2r}$. ❶

2

r	8 cm	3,4 mm	**14 m**	**$\frac{3}{8}$ dm**	**0,55 km**	**≈10,0 m**	**≈0,35 km**
d	**16 cm**	**6,8 mm**	28 m	$\frac{3}{4}$ dm	1,1 km	**≈20,0 m**	**≈0,70 km**
u	**≈50,3 cm**	**≈21,4 mm**	**≈88,0 m**	**≈2,36 dm**	**≈3,46 km**	62,6 m	2,2 km

je Spalte ❶

3

d	1 m	5 m	10 m	20 m
u mit „Handwerkerformel“	**3,15 m**	**15,75 m**	31,5 m	**63 m**
u mit Kreisformel	**≈3,14 m**	**≈15,71 m**	≈31,4 m	**≈62,8 m**
Differenz absolut	**≈0,01 m**	**≈0,04 m**	≈0,1 m	**≈0,2 m**
Differenz in Prozent	**≈0,3%**	**≈0,3%**	≈0,3%	**≈0,3%**

je Spalte ❷

Die „Handwerkerformel“ ist brauchbar, denn die Abweichung beträgt nur 0,3%. Das ist „vertretbar“.

4

r	2,5 cm	**9,15 m**	7 mm	**9,2 m**	**≈87,1 m**
d	**5 cm**	18,3 m	**14 mm**	18,4 m	**≈174,2 m**
α	315°	42°	**≈245,6°**	**≈133,3°**	5°
b	**≈13,7 cm**	**≈6,71 m**	3 cm	214 dm	7,6 m

je Spalte ❶

21 **5** $l \approx 18{,}8$ cm + 18,8 cm + 9,4 cm ❸ ; $l \approx 47{,}1$ cm ❶

6 a) Viertelkreis $u \approx 4{,}7$ cm; $u \approx 28{,}7$ cm ❸
b) schräge Linie $l \approx 6{,}2$ cm; Halbkreis $u \approx 18{,}8$ cm; $u \approx 37{,}1$ cm ❸

7 a) Zeichenübung Rechteck mit 2,5 cm und 4 cm; Halbkreis über einer Seite mit 2,5 cm ❷
b) Halbkreis $u \approx 23{,}56$ m; $u \approx 86{,}56$ m ❷
c) An der kurzen Seite sind 3 Pfähle mindestens nötig, an der langen Seite 5 Pfähle, auf dem Halbkreis mindestens 5 Pfähle. ❸ Also sind mindestens 18 Pfähle nötig. ❶

Flächeninhalte bei Kreisen

Ausgangsdiagnose

w	f	Bemerkungen oder Lösungswege können teilweise nur beispielhaft sein, weil es verschiedene Möglichkeiten geben kann.

22 **1**

w	f	
	×	Es gilt die Formel $A = \pi r^2$.
	×	Es muss mit dem Radius gerechnet werden, also $A \approx 78{,}5\text{ cm}^2$.
	×	Die Zuordnung ist quadratisch.
×		Dies ist korrekt. Mit mathematischen Zeichen heißt das $r = \sqrt{\frac{A}{\pi}}$.
×		$A_{\text{Kreis}} = \frac{\pi}{4} d^2$; $A_{\text{Quadrat}} = d^2$; richtig: $\frac{\pi}{4} \approx \frac{3}{4}$

2

w	f	
×		Die Formel ist korrekt.
×		Das Ergebnis ist korrekt.
	×	Der Flächeninhalt verachtfacht sich.
	×	$\alpha = \frac{87{,}3 \cdot 360°}{\pi \cdot 10^2}$
	×	Es muss mit $\frac{360°}{\alpha}$ multipliziert werden.
	×	Der Mittelpunktswinkel muss vervierfacht werden.

23 **3**

×		Das sind nötige Größen zur Berechnung des Kreisrings.
	×	Jeder Radius muss quadriert werden und nicht deren Differenz.
	×	Es ist genau umgekehrt, weil der größere Innenradius zur kleineren Ringfläche führt.
	×	Die Differenz der Radienquadrate muss in Klammern gesetzt werden.

4

×		Das ist eine korrekte Strategie, jedoch nicht die einzige.
×		Das ist richtig. Das Dreieck ist rechtwinklig, weil der Satz des Pythagoras erfüllt ist.
	×	Das Dreieck gehört zur Gesamtfläche dazu, also dessen Flächeninhalt addieren.
×		Das Ergebnis ist korrekt.

Förderangebot

24 **1**

r	9 mm	3,4 cm	**3,5 dm**	**5,65 m**	**≈17,0 cm**	**≈56,4 m**
d	**18 mm**	**6,8 cm**	7 dm	11,3 m	**≈34,0 cm**	**≈112,8 m**
A	**≈254,5 mm²**	**≈36,32 cm²**	**≈38,48 dm²**	**≈100,29 m²**	907,9 cm²	1 ha

2 **a)** ① 2 cm; ② 3 cm; ③ 4 cm
b) Für Kreis ③ ist eine Streifenbreite von 8 cm nötig, also reichen 7 cm Streifenbreite nicht.

3 **a)** Die Zuordnung *Flächeninhalt → Preis* muss angekreuzt werden.
b) In der Tabelle sind die Preise pro dm² zusammengestellt.

Durchmesser	26 cm	30 cm	32 cm
Margherita	0,57 €	0,57 €	0,62 €
Hawaii	0,75 €	0,71 €	0,75 €
Elio	0,94 €	0,85 €	0,87 €

Prinzipiell ist die Pizza mit 30 cm Durchmesser stets die preisgünstigste.

4 erster Kreis $r \approx 159{,}2$ m; $A \approx 0{,}08$ km²; zweiter Kreis $r \approx 564{,}2$ m; $u \approx 3545$ m

25 **5**

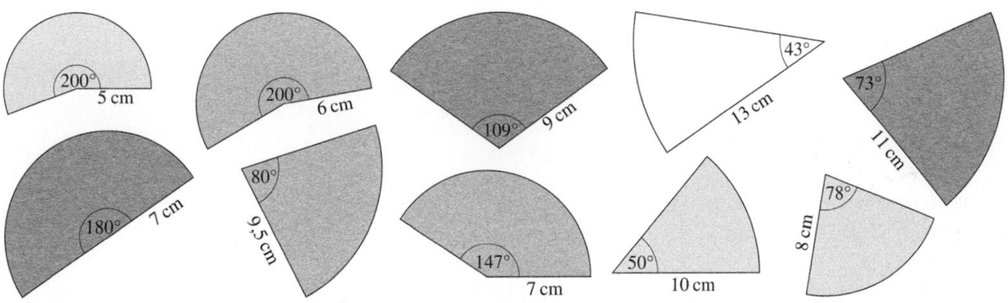

6 Zeichenübung individuell verschieden; $r_1 > 5{,}0$ cm; $r_2 < 3{,}5$ cm

7

r	7 cm	3,1 mm	**1 dm**	**6,7 km**	12 cm	**≈25,0 km**
d	**14 cm**	**6,2 mm**	2 dm	13,4 km	**24 cm**	**≈50,0 km**
α	50°	45°	217°	12°	**≈125,0°**	75°
A	**≈21,4 cm²**	**≈3,77 mm²**	**≈1,9 dm²**	**≈4,70 km²**	157,1 cm²	1189 km²

8 ④ < ② < ③ < ①

26 **9** **a)** $A \approx 34{,}6$ cm² **b)** $A \approx 236{,}4$ m² **c)** $A \approx 246{,}3$ cm² **d)** $A \approx 3{,}35$ km²

10 ① $r_a = 2{,}1$ cm; $r_i = 1$ cm; $A \approx 10{,}71$ cm²; ② $r_a = 2$ cm; $r_i = 0{,}8$ cm; $A \approx 10{,}56$ cm²;
③ $r_a = 1{,}9$ cm; $r_i = 0{,}6$ cm; $A \approx 10{,}21$ cm²

11

r_i	3,2 cm	2 cm	**≈1,5 dm**	175 mm	**≈1,8 m**	50 m
r_a	4,7 cm	**≈8,0 cm**	7 dm	2 dm	3 m	**≈75,4 m**
A	**≈37,2 cm²**	188,5 cm²	146,9 dm²	**≈2,95 dm²**	1809,6 dm²	1 ha

12 ① $A \approx 20{,}9$ cm²; ② $A \approx 3{,}2$ cm²; ③ $A \approx 13{,}6$ cm²

27 **13** ① $A \approx 1{,}66\ \text{cm}^2$; ② $A \approx 13{,}73\ \text{cm}^2$; ③ $A \approx 14{,}27\ \text{cm}^2$; ④ $A \approx 89{,}1\ \text{m}^2$

14 $A \approx 240\ \text{m}^2 + 25{,}1\ \text{m}^2 + 37{,}7\ \text{m}^2 - 7{,}1\ \text{m}^2$; $A \approx 295{,}8\ \text{m}^2$

15 **a)** Durchmesser von ≈21,6 cm bis ≈22,3 cm
b) Rechnung mit $d = 22$ cm; ohne Versatz 309 pro Reihe und 477 Reihen, also 147 393 Bälle.
c) ≈0,56 ha
d) $A \approx 484\ \text{cm}^2 - 380\ \text{cm}^2$; $A \approx 104\ \text{cm}^2$

Nachdiagnose

28 **1**

r	12 m	**4 mm**	**1,85 dm**	**34 cm**	**≈1,25 m**	**≈38,0 m**
d	**24 m**	8 mm	3,7 dm	**68 cm**	**≈2,5 m**	**≈76,0 m**
A	**≈452,4 m²**	**≈50,3 mm²**	**≈10,75 dm²**	3631,7 cm²	4,91 m²	**≈4537,9 m²**
u	**≈75,4 m**	**≈25,1 mm**	**≈11,6 dm**	**213,6 cm**	**≈7,85 m**	238,8 m

je ❶

2

r	3,6 cm	**$\frac{3}{8}$ m**	7 mm	**1,35 km**	**≈31,0 cm**	3 dm	**≈8,4 cm**
d	**7,2 cm**	$\frac{3}{4}$ m	**14 mm**	2,7 km	**≈62,0 cm**	**6 dm**	**≈16,8 cm**
α	80°	312°	**≈76,9°**	**≈188,6°**	217°	**≈275,0°**	327°
b	**≈5,0 cm**	**≈2,0 m**	**9,4 mm**	**≈4,4 km**	**≈117,4 cm**	14,4 dm	47,9 cm
A	**≈9,0 cm²**	**≈0,38 m²**	32,9 mm²	3 km²	1820 cm²	**≈21,6 dm²**	**≈201,0 cm²**

je ❶

3 **a)** $A \approx 134{,}0\ \text{cm}^2$ ❶
b) Der Mittelpunktswinkel muss geviertelt werden. ❷
c) Der Mittelpunktswinkel muss mit $\sqrt{2}$ vervielfacht werden. ❷
d) Der Flächeninhalt halbiert sich. ❷

29 **4** **a)** innen ≈78,54 m²; „Zwischenring" ≈75,40 m²; Außenring ≈47,12 m² je ❶
b) 1508 Pflanzen ❶
c) ≈3,93 kg Dünger; ≈1,57 kg Rasensamen ❷

5 ① $A \approx 9{,}4\ \text{dm}^2$ ❶ ; ② $A \approx 29{,}7\ \text{cm}^2$ ❶ ; ③ $A \approx 292{,}2\ \text{m}^2$ ❷ ; ④ $A \approx 521{,}2\ \text{cm}^2$ ❷

Etwas andere Aufgaben

30 **Mäandrierende Flüsse und die Kreiszahl π**

a) Zeichenübung von drei Halbkreisen mit $r = 1{,}6$ cm
Länge der Linie ≈22,6 cm; Abstand von Anfangs- und Endpunkt ≈14,5 cm
Verhältnis von Linienlänge und Abstand von Anfangs- und Endpunkt ≈1,56

b)

Fluss	Flusslänge	Entfernung (Luftlinie) Quelle – Mündung	Quotient
Rhein	1230 km	**670 km**	**1,84**
Nil	**6671 km**	2120 km	**3,15**
Amazonas	**6437 km**	**2640 km**	**2,44**
z.B. **Elbe**	**1091 km**	**580 km**	**1,88**
Summe	**15 429 km**	**6010 km**	**2,57**

Die Aussage scheint falsch zu sein. Zu beachten ist jedoch, dass einige der angegebenen Flüsse nicht unmittelbar auf die Mündung zu mäandrieren, sondern zunächst in die entgegengesetzte Richtung fließen. Das Ergebnis der Länge eines Flusses, geteilt durch die Luftlinie von der Quelle zur Mündung kommt π aber dann nahe, wenn der Fluss relativ lang und kurvenreich sowie nicht begradigt ist.

31 **Abschätzen von Flächen**

Der Ladogasee hat (einschließlich der Inseln) eine Größe von 18 390 km².

Rund ums Fahrrad

a) 12-Zoll: 0,3048 m; 18-Zoll: 0,4572 m; 26-Zoll: 0,6604 m
b) 28-Zoll: $d \approx 0{,}7112$ m; $u \approx 2{,}2343$ m; Das Rad macht auf der Strecke ca. 1 548 583 Umdrehungen.
c) 3460 km in ca. 85,8 h; Durchschnittsgeschwindigkeit von ca. 40,3 $\frac{\text{km}}{\text{h}}$

Gesamtdiagnose

32 **1** **a)** Gerundet ist der Wert richtig. Wenn die Punkte aber andeuten, dass die Nachkommastellen fortgesetzt werden, ist die Aussage falsch ❷

b) $3{,}14$ ☒ $3{,}1\overline{4}$ ☒ $3{,}\overline{14}$ ☒ $3{,}15$ ☒ $3\frac{1}{7}$

denn $3{,}14 < \pi < 3{,}1\overline{4}$; $3{,}\overline{14} < \pi < 3{,}1\overline{4}$; $3{,}\overline{14} < \pi < 3{,}15$; $3\frac{1}{7} < \pi < 3{,}15$ ❹

2 **a)** $u \approx 43{,}98$ cm ❶ **b)** $u \approx 29{,}53$ dm ❶ **c)** $u \approx 24{,}09$ mm ❶ **d)** $u \approx 4{,}19$ km ❶

3 Wenn Gran Canaria exakt kreisförmig wäre, hätte die Insel eine Küstenlänge von ca. 157 km. Durch Buchten ist die Küstenlänge größer. Insgesamt gesehen ist Gran Canaria aber tatsächlich annähernd kreisförmig ❷

4 **a)** $b \approx 16{,}49$ cm ❶ **b)** $b \approx 19{,}64$ m ❶ **c)** $b \approx 23{,}56$ m ❶ **d)** $b \approx 192{,}34$ mm ❶
e) $b \approx 0{,}29$ km ❶ **f)** $b \approx 0{,}119$ m ❶ **g)** $b \approx 24{,}09$ mm ❶ **h)** $b \approx 4{,}19$ km ❶

33 **5** **a)** Seite der Raute $\approx 5{,}8$ cm ❶; $u \approx 30{,}0$ cm ❷

b) Durchmesser großer Kreis $\approx 5{,}7$ cm ❶; $u \approx 19{,}2$ cm ❷

6 **a)** $A \approx 38{,}48\ \text{m}^2$ ❶ **b)** $A \approx 132\,670{,}24\ \text{m}^2$ ❶ **c)** $A \approx 20{,}97\ \text{dm}^2$ ❶ **d)** $A \approx 58{,}09\ \text{cm}^2$ ❶

7 30 ha = $300\,000\ \text{m}^2$; $r \approx 309$ m; Die Insel hat ca. 618 m Durchmesser. ❷

8 ① und ④ haben ca. $64\ \text{cm}^2$, ② und ③ ca. $49\ \text{cm}^2$ Flächeninhalt. je ❸

34 **9**

r	7 mm	**4,05 dm**	5 cm	**9 m**	**50 m**	**≈456,45 m**
d	**14 mm**	8,1 dm	**10 cm**	**18 m**	0,1 km	**≈912,9 m**
α	45°	207°	**≈269°**	175°	**≈200°**	22°
b	**≈5,5 mm**	**≈14,63 dm**	23,46 cm	27,5 m	**≈174,53 m**	**≈175,26 m**
A	**≈19,24 mm²**	**≈29,63 dm²**	**≈58,69 cm²**	**≈123,7 m²**	4363,3 m²	4 ha

je ❶

10 Größe des Speicherbereichs $97{,}89\ \text{cm}^2$; Die Speicherkapazität beträgt 7,15 MB pro cm^2. ❷

11 **a)** Drachenseiten $\approx 4{,}24$ cm; $\approx 7{,}62$ cm ❷; $A \approx 89{,}69\ \text{cm}^2$ ❷

b) Durchmesser großer Kreis $\approx 13{,}0$ cm ❶; $A \approx 172{,}01\ \text{cm}^2$ ❷

Körper

Vorwissen

Ausgangsdiagnose

Bemerkungen oder Lösungswege können teilweise nur beispielhaft sein, weil es verschiedene Möglichkeiten geben kann.

38

Nr.	w	f	
1	×		Die Umrechnung ist korrekt.
		×	10 dm = 1 m; So lang kann kein Zeigefinger sein.
		×	$4\ m^2 = 400\ dm^2 = 40\,000\ cm^2$
	×		Die Angabe kann zutreffen.
	×		Die Umrechnung ist korrekt.
	×		Die Umrechnung ist korrekt.
2	×		Dies ist eine Möglichkeit für das Netz eines Würfels.
		×	Die Kantenlängen passen nicht zueinander.
	×		Das ist die korrekte Zeichnungsmethode für die Kavalierperspektive.
		×	Die schrägen Linien müssen 6 mm lang sein.
	×		Das ist korrekt.
3	×		$O = 6 \cdot 3^2\ cm^2 = 54\ cm^2$
	×		Die Formel ist korrekt.
	×		$O = 2 \cdot 6\ cm^2 + 2 \cdot 8\ cm^2 + 2 \cdot 12\ cm^2 = 52\ cm^2$
		×	Es gibt unendlich viele Quader, die diese Eigenschaft erfüllen.
	×		Das ist korrekt, jedoch sollte auf die Kongruenz von Grund- und Deckfläche verwiesen werden.

39

Nr.	w	f	
4	×		Die Formel ist korrekt.
		×	Es muss die dritte Wurzel gezogen werden.
	×		Die Kantenlänge des Würfels beträgt dann 1 dm.
	×		$V = 4 \cdot 4 \cdot 5\ cm^3 = 80\ cm^3$
	×		Das beschriebene Verfahren ist korrekt.
5	×		Der Satz des Pythagoras ist umgekehrt erfüllt.
		×	Es ist auch möglich, dass b die Hypotenuse ist. Dann gilt $c = 6$ cm.
	×		$c^2 = a^2 - b^2 = 225\ cm^2 - 81\ cm^2 = 144\ cm^2$; $c = 12$ cm
	×		Der Höhensatz wurde korrekt formuliert.
	×		Der Kathetensatz wurde korrekt formuliert.

Förderangebot

40

1 a) 1 ha; 10 ha; 100 ha; $1\ km^2$; $0{,}1\ km^2$; $10\,000\ m^2$; $100\,000\ m^2$; $1\,000\,000\ m^2$; 100 a

b) 1 l; 10 l; 100 l; $1\ dm^3$; $10\,000\ cm^3$; $100\ dm^3$; $0{,}1\ m^3$; $1\ m^3$; $1000\ dm^3$; $1000\ cm^3$

2 **a)** $200\ m^3$ **b)** $200\ cm^2$ **c)** 20 mm; 2 cm **d)** $2\ m^3$

3 **a)**

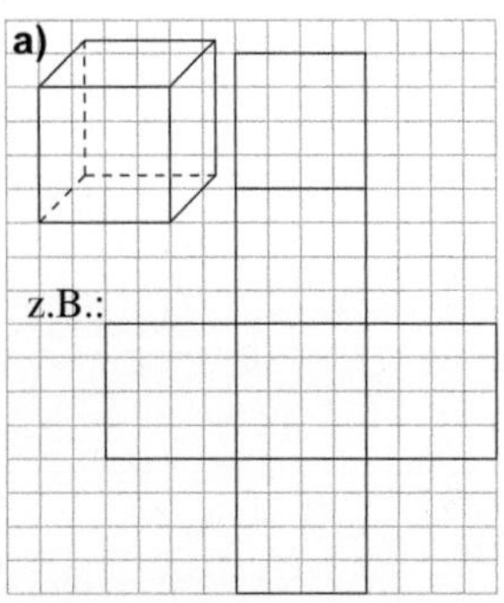

b)

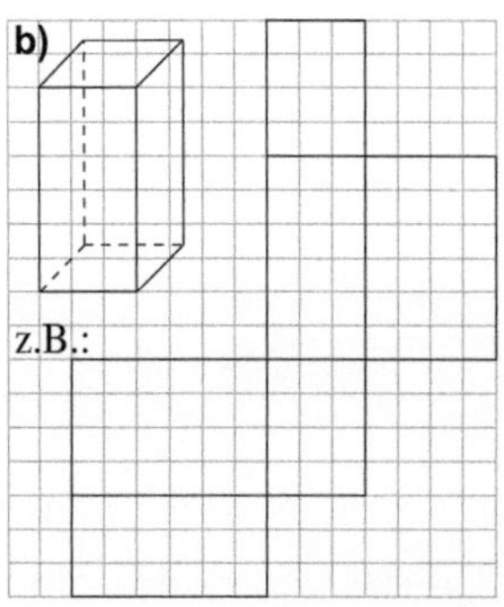

41 **4** **a)** $121{,}5\ \text{cm}^2$ **b)** $54\ \text{cm}^2$ **c)** Hypotenuse Dreieck $11{,}4$ cm; $282{,}2\ \text{cm}^2$

5 **a)** $91{,}125\ \text{cm}^3$ **b)** $24{,}3\ \text{cm}^3$ **c)** $252\ \text{cm}^3$

6

a	8 cm	**39,1 mm**	**13,6 m**	17 mm
b	**8,9 cm**	**46,9 mm**	**10,6 m**	29 mm
c	12 cm	**61 mm**	17,2 m	**33,6 mm**
p	**5,3 cm**	25 mm	**10,7 m**	**8,6 mm**
q	**6,7 cm**	36 mm	6,5 m	**25 mm**
h	**6 cm**	**30 mm**	**8,3 m**	**14,7 mm**
A	**35,8 cm²**	**915 mm²**	**71,7 m²**	**246,5 mm²**

Nachdiagnose

42 **1** **a)** cm **b)** cm **c)** m **d)** mm **e)** cm^2 **f)** mm^2 **g)** dm^2 **h)** m^2
i) dm^3 **j)** dm^3 **k)** dm^3; l **l)** cm^3 je ❶

2 **a)** $a = 1{,}9$ cm ❶ **b)** $a = 2{,}3$ cm; $b = 2{,}4$ cm; $c = 1{,}6$ cm je ❶

3 Von links die ersten beiden Darstellungen sind Würfelnetze, die beiden folgenden nicht. je ❶

4 **a)** Würfel ☐ $O = 4a^2$ ☒ $O = 6a^2$ ☐ $O = 4a^3$ ☐ $O = 6a^3$ ❶
b) Quader ☒ $O = 2(ab + bc + ac)$ ☒ $O = 2ab + 2ac + 2bc$ ☐ $O = 2a^2 + 2b^2 + 2c^2$ ❷
c) Prisma ☐ $O = M \cdot h$ ☐ $O = G \cdot h$ ☒ $O = M + 2G$ ☐ $O = G + 2M$

43 **5** $V_{①} = 125\ \text{cm}^3$ ❶ ; $V_{②} = 120\ \text{cm}^3$ ❶ ; $V_{③} = 105\ \text{cm}^3$ ❶ ; $V_{④} = 62{,}5\ \text{cm}^3$ ❶ ; $V_{⑤} = 54{,}1\ \text{cm}^3$ ❷
⑤ < ④ < ③ < ② < ① ❶

6 Würfel $O = 337{,}5\ \text{cm}^2$; $V = 421{,}875\ \text{cm}^3$ ❷ ; Quader $O = 272{,}5\ \text{cm}^2$; $V = 262{,}5\ \text{cm}^3$ ❷
Prisma $b \approx 14{,}1$ cm; $O \approx 339{,}0\ \text{cm}^2$; $V = 350\ \text{cm}^3$ ❸

7
☒ $x^2 + y^2 = z^2$ ☐ $s^2 + y^2 = x^2$ ☒ $x^2 - w^2 = t^2$
☒ $y^2 = s \cdot z$ ☒ $x^2 = z \cdot t$ ☐ $s \cdot z = w^2$
☐ $x^2 + w^2 = t^2$ ☐ $w^2 - s^2 = y^2$ ☒ $s + t = z$
☒ $x \cdot y = z \cdot w$ ☒ $x^2 - t^2 = w^2$ ☒ $y^2 = w^2 + s^2$ je ❶

Zylinder

Ausgangsdiagnose

w	f	Bemerkungen oder Lösungswege können teilweise nur beispielhaft sein, weil es verschiedene Möglichkeiten geben kann.

44 **1**

w	f	
×		In der Regel ja. Man darf dabei z.B. Fischkonserven nicht als Konservendosen ansehen.
	×	Eishörnchen haben annähernd die Form eines Kegels.
×		korrekt, wobei dabei vorausgesetzt wird, dass die Kreise gleiche Größen haben
	×	Die Mantelfläche ist ein Rechteck.

2

w	f	
	×	In der Abwicklung müsste neben den zwei gleichen Kreisen ein Rechteck erkennbar sein.
×		zwei gleiche Kreise und ein Rechteck, dessen Länge gleich dem Kreisumfang ist (≈3,77 cm).
	×	Der Umfang des Kreises ist gleich der Länge der roten Strecke
	×	Es verändert sich lediglich die Höhe des Zylinders.
	×	Es müssten die Kreise als Ellipsen dargestellt sein.
×		Die Darstellung ist korrekt.
×		Zylinder ② ist 1,3 cm hoch und Zylinder ③ ist 2,6 cm hoch
	×	Es ist die Schrägbilddarstellung eines liegenden Zylinders.

3

w	f	
×		In den meisten Fällen ist das so. Manchmal aber nicht.
	×	entweder $M = \pi d h$ oder $M = 2 \pi r h$
×		Diese Beschreibung ist korrekt.
×		Dies ist die zusammengefasste Formel aus den zwei Kreisflächen und der Mantelfläche.
	×	Der Wert ist nach Überschlag viel zu hoch (rechnerisch $\approx 18{,}85\ \text{cm}^2$)

45 **4**

×		Die Formel ist korrekt.
	×	Der Wert ist nach Überschlag viel zu hoch (rechnerisch ≈188,5 cm^3).
	×	Das Volumen vervierfacht sich.
×		Der Zusammenhang ist proportional.
×		$m = \varrho \cdot V$

5

	×	Die Formel lautet richtig $V = \pi \cdot (r_a^2 - r_i^2) \cdot h$.
×		rechnerisches Ergebnis ≈502,65 cm^3, also ca. 0,5 l
	×	Grund- und Deckfläche sind deckungsgleiche Kreisringe.

Förderangebot

46 **1** individuell verschieden; z.B. Saftgläser, Planschbecken, Getränkedosen …

2 Saftglas: Der Durchmesser ist nicht durchgängig gleich.
Würfelbecher: Der Durchmesser ist nicht durchgängig gleich (Kegelstumpf).
Eiswaffel, spitz: Die Waffel ist kegelförmig.
Säule ohne Sockel: Der Durchmesser ist nicht durchgängig gleich.
Eiswaffel, leer: Es ist ein aus verschiedenen Teilkörpern zusammengesetzter Körper. Auch die Durchmesser sind nicht durchgängig gleich.

3 einzusetzende Begriffe nacheinander: Körper; Kreis; parallel; Rechteck; Länge; Umfang

4 **a)** für $u = 2$ cm — $r \approx 0{,}32$ cm; für $u = 3$ cm — $r \approx 0{,}48$ cm
b) für $u = 4$ cm — $r \approx 0{,}64$ cm; für $u = 3{,}5$ cm — $r \approx 0{,}56$ cm

47 **5**

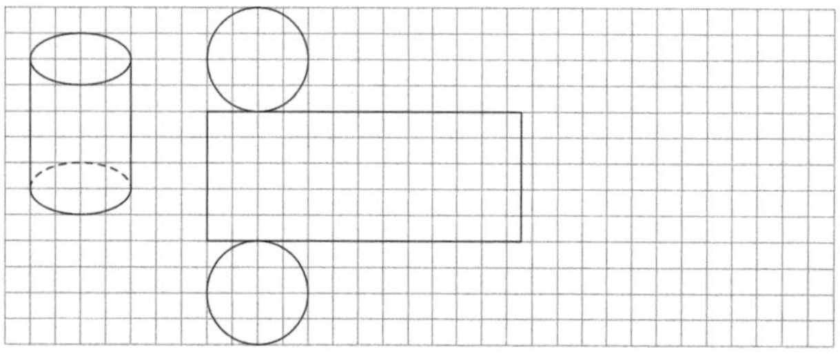

6

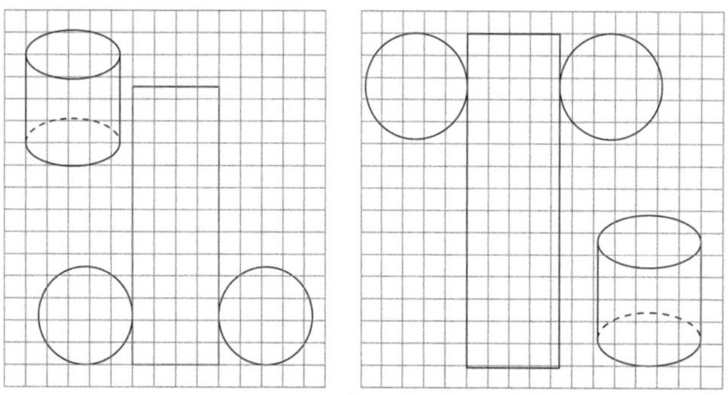

7 **a)** $M \approx 659{,}7\ cm^2$; $O \approx 967{,}6\ cm^2$ **b)** $M \approx 1131{,}0\ cm^2$; $O \approx 1357{,}2\ cm^2$
c) $M \approx 515{,}2\ cm^2$; $O \approx 937{,}7\ cm^2$ **d)** $M \approx 169{,}6\ dm^2$; $O \approx 181{,}1\ dm^2$

48 **8**

r	12 mm	**19 cm**	**1,2 cm**	65 m	19 dm	**3 cm**
d	**24 mm**	38 cm	**2,4 cm**	**130 m**	**38 dm**	**6 cm**
h	38 mm	1,5 m	18 mm	**29 m**	**22 dm**	**4 cm**
M	**2865,1 mm^2**	**179,1 dm^2**	13,6 cm^2	11 843,8 m^2	**2626,4 dm^2**	75,4 cm^2
O	**3769,9 mm^2**	**201,75 dm^2**	**22,6 cm^2**	**38 390,3 m^2**	4894,6 dm^2	131,95 cm^2

9 von oben nach unten hier von links nach rechts: r r f f r f

10 **a)** 1470,27 cm^3 **b)** 4021,24 cm^3 **c)** 8605,32 cm^3 **d)** 50,86 cm^3 **e)** 42,24 cm^3
f) 58,90 dm^3 **g)** 1943,14 dm^3 **h)** 49,42 cm^3

48 **11** einzusetzende Begriffe nacheinander: vervierfacht; verdoppeln; verachtfacht

49 **12**

r	4 cm	1 dm	**25 cm**	45 mm	5 cm	**12 dm**
h	13 cm	50 m	78 cm	**12,5 cm**	**10 cm**	7,4 dm
V	**653,5 cm³**	1570,8 dm³	153 152,6 cm³	795,2 cm³	785,4 cm³	3,3477 m³

13 $V \approx 7854\ \text{cm}^3 = 7{,}854\ \text{dm}^3$; Masse eines Stabes 61,261 kg; $3000 : 61{,}261 \approx 48{,}97$
Werden 49 Stäbe geladen, ist der Lkw überladen. Es können also maximal 48 Stäbe geladen werden.

14 $V \approx 169\,646\ \text{cm}^3$; Masse $213\,754\ \text{g} = 213{,}754\ \text{kg}$

15 a) individuell verschieden; z.B. $r = 5$ cm und $h = 6{,}37$ cm; $r = 4$ cm und $h = 9{,}95$ cm;
$r = 3$ cm und $h = 17{,}68$ cm
b) $500 = \pi \cdot r^2 \cdot 4r$; $r \approx 3{,}41$ cm; $h \approx 13{,}64$ cm
c) $r \approx 3{,}91$ cm; $h \approx 15{,}64$ cm
d) $6{,}42^2 + 13{,}64^2 = l^2$; $l \approx 15{,}1$ [cm]
Der Trinkhalm muss mindestens 15,1 cm lang sein. Sinnvoll wäre eine Länge von ca. 20 cm.

50 **16** $V \approx 125\,664\ \text{mm}^3$; $V \approx 125{,}66\ \text{cm}^3$

17

r_a	7 cm	12 mm	1,4 m	5 m	8 cm	22 cm
r_i	6 cm	1 cm	8,2 dm	4,5 m	**4 cm**	8,5 mm
h	10 cm	1 dm	27 cm	**10 m**	10 cm	**142 mm**
O	**898,5 cm²**	**140,99 cm²**	**1185,6 dm²**	**626,7 m²**	**1055,6 cm²**	**507 522,7 mm²**
V	**408,4 cm³**	**13,8 cm³**	**1092,2 dm³**	149,2 m³	1508 cm³	21 559 cm³

18 a) Zeichnung hier auf 50% verkleinert
b) $V \approx 50{,}26\ \text{cm}^3$
c) $m \approx 372$ g

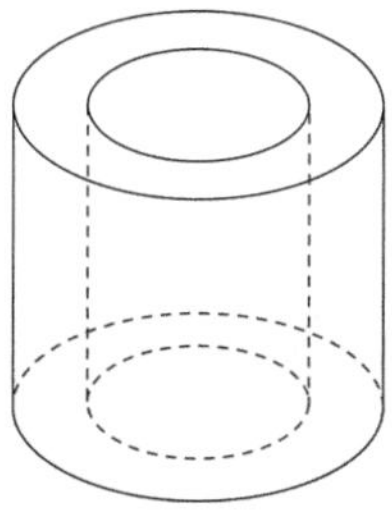

19 a) $r_a = 25$ mm; $r_i = 22{,}6$ mm; $h = 2000$ mm; $V \approx 717\,791\ \text{mm}^3$; $V \approx 717{,}8\ \text{cm}^3$
Ein 2 m langes Rohr enthält ca. 717,8 cm³ Kunststoff.
b) Die Ladung wiegt ca. 163,3 kg.

51 **20** Ein Strohballen hat ein Volumen von 167 808 cm³ und wiegt 14 kg.
Volumen des zylinderförmigen Ballens $3053628\ \text{cm}^3 \approx 3{,}05\ \text{m}^3$; Masse des Ballens $254{,}76\ \text{kg} \approx 255\ \text{kg}$

21 Das Fass hat ca. 13,5 m Durchmesser und ca. 12 m Tiefe.

22 a) individuell verschieden; z.B. $r = 4$ cm und $h = 15{,}63$ cm; $r = 6$ cm und $h = 6{,}94$ cm
b) $r = 5$ cm; $h = 10$ cm; $O \approx 471{,}24\ \text{cm}^2$
z.B. $r = 4$ cm und $h = 15{,}63$ cm; $O \approx 493{,}36\ \text{cm}^2$
z.B. $r = 6$ cm und $h = 6{,}94$ cm; $O \approx 487{,}83\ \text{cm}^2$
c) Die Oberfläche eines Zylinders ist minimal, wenn der Durchmesser genauso lang wie die Höhe ist. Somit gibt es keinen Zylinder, der eine kleinere Oberfläche hat.

Nachdiagnose

52 **1 a)** falsch; … sind Körper mit gleichen Kreisen als Grund- und Deckfläche. ❶
b) falsch; … ein Kegelstumpf mit aufgesetzter Halbkugel ❶
c) richtig ❶
d) falsch; … ist der Umfang der Kreisfläche / … ist die Körperhöhe ❶

2 Es ist der mittlere Kreis ($r = 1{,}4$ cm). ❷

52 3

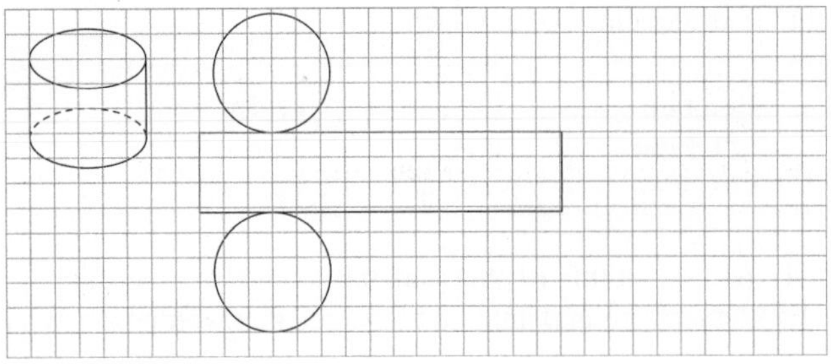

je ❷

53 4

r	7 cm	**1,5 cm**	**15 mm**	125 dm	69 m
d	**14 cm**	3 cm	**30 mm**	**250 dm**	**138 m**
h	19 cm	2,5 dm	36 mm	**8 dm**	**77 m**
M	**835,7 cm²**	**235,6 cm²**	3392,9 mm²	6283,2 dm²	**33 382,6 m²**
O	**1143,5 cm²**	**249,8 cm²**	**4806,6 mm²**	**104 458 dm²**	63 296,8 m³

je ❶

5

r	11 dm	**2 cm**	9 mm	**3,6 dm**
d	**22 dm**	4 cm	**18 mm**	**7,2 dm**
h	18 dm	2,5 m	**30 mm**	18 dm
V	**6842,4 dm³**	**3141,6 cm³**	7634,1 mm³	732,9 l

je ❶

6 $V \approx 127234{,}5\ \text{cm}^3$; $V \approx 0{,}127\ \text{m}^3$; Die Tischplatte wiegt ca. 63,6 kg, ❷

7

r_i	5 cm	5 mm	**5 m**
r_a	5,5 cm	2 cm	8 m
h	20 cm	1 dm	22 m
V	**329,9 cm³**	**117,8 cm³**	2695,5 m³

je ❶

Pyramide, Kegel und Kugel

Ausgangsdiagnose

Bemerkungen oder Lösungswege können teilweise nur beispielhaft sein, weil es verschiedene Möglichkeiten geben kann.

54 1

w	f	
	×	Es gibt nicht nur quadratische Pyramiden.
×		Die Anzahlen sind korrekt.
	×	annähernd die Form eines (flachen) Zylinders
×		wird durch die Praxis bestätigt
	×	Es entsteht ein Doppelkegel. Man muss ein rechtwinkliges Dreieck muss um eine Kathete drehen.
×		Das ist korrekt.

2

w	f	
	×	Die schrägen Linien der Grundfläche müssten 1,55 cm lang sein.
	×	Anstelle des Dreiecks müsste ein Kreisausschnitt dargestellt sein.
×		Dies sind die möglichen Begrenzungsflächen von Pyramiden.
	×	Anstelle des Dreiecks müsste ein Kreisausschnitt dargestellt sein.
×		Beide Gleichungen sind nach dem Satz des Pythagoras richtig.

55 3

w	f	
×		Das ist korrekt.
×		Die Formel ist korrekt: Grundfläche a^2 und vier Dreiecke, also $2ah_a$.
×		Die Aussage und die Formel sind korrekt.
	×	Die Formel lautet richtig $O = \pi r \cdot (r + s)$.
	×	Die Formel lautet richtig $O = 4\pi r^2$.
×		Das Ergebnis ist richtig.

4

w	f	
×		Die Beschreibung der Berechnung ist korrekt.
×		Die Formel ist korrekt.
	×	Das Volumen vervierfacht sich.
	×	Im Bruch müssen Zähler und Nenner vertauscht werden, dann ist die Formel richtig.
×		Das Volumen beträgt ca. 113 l, also mehr als 100 l.

Förderangebot

56 **1** individuell verschiedene Beispiele; z.B. Turmdächer; Ball

2 einzusetzende Begriffe nacheinander: Grundfläche; Dreiecken; Spitze; Kreis; gerade; schief

3 **a)**

Pyramide		Kegel		Kugel
gerade	schief	gerade	schief	
④; ⑨	①; ⑥	③	⑪	⑦

b) Prisma: ②; ⑧; ⑩; Quader: ⑤; Halbkugel: ⑫; Zylinder: ⑬

57 **4**

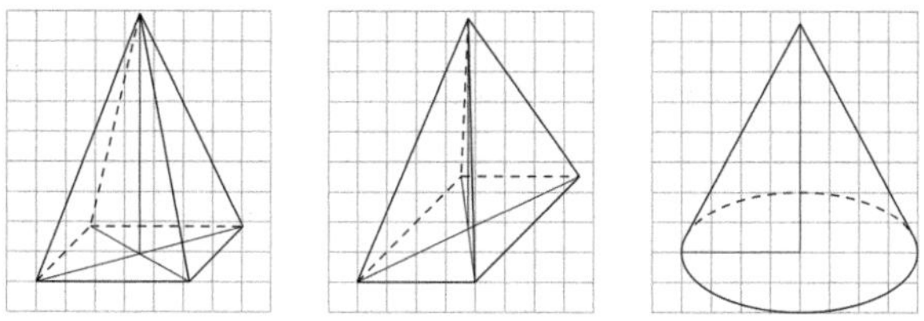

5 **a)**

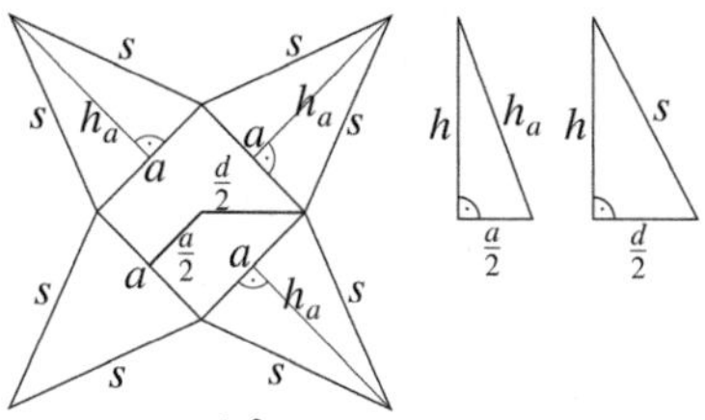

b)
☒ $h^2 + \left(\frac{d}{2}\right)^2 = s^2$ ☐ $h^2 + \left(\frac{a}{2}\right)^2 = s^2$ ☐ $h^2 + \left(\frac{d}{2}\right)^2 = h_a^2$ ☐ $h_a^2 + \left(\frac{d}{2}\right)^2 = h^2$

☒ $h^2 + \left(\frac{a}{2}\right)^2 = h_a^2$ ☐ $h_a^2 + \left(\frac{a}{2}\right)^2 = h^2$ ☐ $h_a^2 + \left(\frac{d}{2}\right)^2 = s^2$ ☒ $h_a^2 + \left(\frac{a}{2}\right)^2 = s^2$

☒ $a^2 + a^2 = d^2$ ☒ $2a^2 = d^2$ ☒ $2\left(\frac{a}{2}\right)^2 = \left(\frac{d}{2}\right)^2$ ☐ $h_a^2 + h^2 = s^2$

6 Länge der Mantellinie $s = 3$ cm
Mittelpunktswinkel $\alpha = 216°$

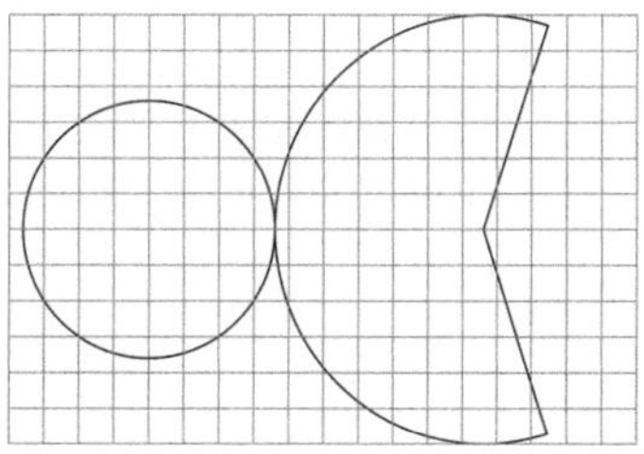

58 **7**
$s > h_a$ richtig h_a ist als Dreieckshöhe Kathete und damit kürzer als die Hypotenuse s.
$h > h_a$ falsch siehe Aufgabe 5; h muss als Kathete kürzer als die Hypotenuse h sein.
$a > h$ falsch Das trifft nicht immer zu. Es gibt Gegenbeispiele.
$h < s$ richtig siehe Aufgabe 5; h muss als Kathete kürzer als die Hypotenuse s sein.
$a < s$ falsch Das trifft nicht immer zu. Es gibt Gegenbeispiele.

8 **a)** $h_a \approx 15{,}4$ cm; $M \approx 215{,}6\ \text{cm}^2$; $O \approx 264{,}6\ \text{cm}^2$
b) $h_a \approx 30{,}6$ cm; $M \approx 734{,}4\ \text{cm}^2$; $O \approx 878{,}4\ \text{cm}^2$
c) $M = 432\ \text{cm}^2$; $O = 576\ \text{cm}^2$
d) $h_a \approx 9{,}7$ cm; $M \approx 96{,}8\ \text{cm}^2$; $O \approx 121{,}8\ \text{cm}^2$

9

a	h	s	h_a	M	O
16 mm	**6 mm**	**12,8 mm**	10 mm	**320 mm²**	**576 mm²**
2,4 m	3,1 m	**3,5 m**	**3,3 m**	**15,8 m²**	**21,6 m²**
24 dm	9 dm	**19,2 dm**	15 dm	**720 dm²**	**1296 dm²**
8 m	**5,7 m**	8 m	**6,9 m**	**110,4 m²**	**171,4 m²**
31,7 cm	**8,5 cm**	24 cm	1,8 dm	**1141,2 cm²**	**2146,1 cm²**

59 **10** individuell verschieden; z.B.: ① $a = 10$ cm; $h_a \approx 11{,}25$ cm; $h \approx 10{,}1$ cm;
② $a = 8$ cm; $h_a \approx 16{,}3$ cm; $h \approx 15{,}8$ cm; ③ $a = 12$ cm; $h_a \approx 7{,}5$ cm; $h \approx 4{,}6$ cm

11 von oben nach unten hier von links nach rechts: r r r f

59

12 a) $M \approx 3166{,}73\ \text{m}^2$; $O \approx 5629{,}73\ \text{m}^2$ **b)** $s \approx 16{,}64$ cm; $M \approx 470{,}48\ \text{cm}^2$; $O \approx 724{,}95\ \text{cm}^2$
c) $s \approx 17{,}69$ mm; $M \approx 722{,}47\ \text{mm}^2$; $O \approx 1253{,}4\ \text{mm}^2$

13

r	s	h	M	G	O
11 mm	15 mm	**10,2 mm**	**518,4 mm²**	**380,1 mm²**	**898,5 mm²**
2,3 m	**4,6 m**	4 m	**33,2 m²**	**16,6 m²**	**49,8 m²**
10 cm	**11 cm**	**4,6 cm**	345,6 cm²	**314,2 cm²**	**659,8 cm²**
14 m	20,5 m	15 m	**901,6 m²**	**615,8 m²**	**1517,4 m²**
33 cm	**55,8 cm**	45 cm	**5784,9 cm²**	3421,2 cm²	**9206,1 cm²**
6 dm	**9,9 dm**	**7,9 dm**	**186,9 dm²**	113,1 dm²	3 m²

60

14 a) $615{,}75\ \text{mm}^2$ **b)** $27\,759{,}11\ \text{m}^2$ **c)** $43{,}01\ \text{m}^2$

15 a) $r = \sqrt{\frac{O}{4\pi}}$ **b)** $s = \frac{O}{\pi r} - r$

16 a) $r \approx 2{,}82$ cm **b)** $r \approx 3{,}99$ cm; Veränderung um den Faktor $\sqrt{2}$

17 a) $V = 245\ \text{cm}^3$ **b)** $V = 1440\ \text{cm}^3$ **c)** $h \approx 16{,}97$ cm; $V \approx 814{,}59\ \text{cm}^3$
d) $h \approx 9{,}35$ cm; $V \approx 77{,}95\ \text{cm}^3$

18 a) $h = \frac{3V}{a^2}$ **b)** $r = \sqrt{\frac{3V}{\pi h}}$

61

19

a	13 cm	67 cm	**18,3 cm**	**10,2 m**	4,5 m	**7 mm**
s	**22 cm**	**67 cm**	22 cm	**10,8 m**	**15,3 m**	**11,2 mm**
h_a	**21 cm**	58 cm	20 cm	9,5 m	**15,2 m**	**10,6 mm**
h	20 cm	**47,3 cm**	**17,8 cm**	8 m	**15 m**	10 mm
V	1126,7 cm³	**70 776,6 cm³**	**1987 cm³**	**277,4 m³**	101,25 m³	163,3 mm³

20 ursprüngliche Pyramide $V \approx 2\,584\,920{,}5\ \text{m}^3$; heutige Pyramide $V \approx 2\,337\,187{,}5\ \text{m}^3$
verwittertes Gestein $V \approx 247\,733\ \text{m}^3$

21 Die zweite Seite ist 18,75 m lang.

22

r	8 cm	**22 mm**	6 m	5 cm	**727,9 m**
h	27 cm	18 mm	**11 m**	**38,2 cm**	954 m
s	**28,2 cm**	**28,4 mm**	12,5 m	**38,5 cm**	1,2 km
V	**1809,6 cm³**	9123,2 mm³	**414,7 m³**	1 l	**529 322 601 m³**

23 $r \approx 70$ cm; $V \approx 410501{,}4\ \text{cm}^3$; $V \approx 0{,}41\ \text{m}^3$

62

24

r	47 mm	**41,5 m**	2,9 dm	**2,6 cm**	**3,2 dm**
d	**94 mm**	83 m	**5,8 dm**	**5,2 cm**	**6,4 dm**
V	**434,9 cm³**	**299 387 m³**	**102,2 dm³**	73,62 cm³	137,26 dm³

25 4-kg-Kugel $V \approx 508{,}9\ \text{cm}^3$; $d \approx 9{,}9$ cm
7,25-kg-Kugel $V \approx 922{,}4\ \text{cm}^3$; $d \approx 12{,}0$ cm

26 einzusetzende Begriffe nacheinander: verdoppelt; verdoppelt; verachtfacht; vervierfachen; verachtfacht

27

	Kugel	Würfel	Pyramide	Kegel	Zylinder
V in cm³	523,6	512	333,3	261,8	628,3
O in cm²	314,2	384	323,6	254,2	408,4

Volumen: Zylinder > Kugel > Würfel > Pyramide > Kegel
Oberfläche: Zylinder > Würfel > Pyramide > Kugel > Kegel

63 **28 a)**

Grundfläche	Ecken (E)	Kanten (K)	Flächen (F)
Dreieck	**4**	6	**4**
Viereck	**5**	**8**	5
Fünfeck	**6**	**10**	**6**
Achteck	**9**	**16**	**9**
38-Eck	**39**	**76**	**39**
n-Eck	$\mathbf{n+1}$	$\mathbf{2n}$	$\mathbf{n+1}$

b) $E + F = (n + 1) + (n + 1) = 2n + 2 = K + 2$

29 a) Kugeldurchmesser ist Raumdiagonale des Würfels; $r \approx 8{,}66$ cm
Würfel $V = 1000$ cm³; Kugel $V \approx 2720{,}7$ cm³; Anteil des Würfelvolumens am Kugelvolumen $\approx 36{,}8\%$

b) Da sich beim Vergrößern/Verkleinern beide Volumina in gleichem Maß verändern, bleibt deren Verhältnis konstant, denn die beiden gleichen „Volumenfaktoren" ergeben gekürzt 1.

Nachdiagnose

64 **1** ① falsch; Die Grundfläche kann ein beliebiges n-Eck sein. ❶
② falsch; Bei geraden Kegeln verläuft die Höhe von der Spitze zum Kreismittelpunkt, bei schiefen Kegeln kann die Höhe auch außerhalb des Kreises liegen. ❶
③ richtig ❶
④ Das ist nicht möglich. ❶

2 Der dritte Kreis von links muss eingefärbt werden. ❷

3

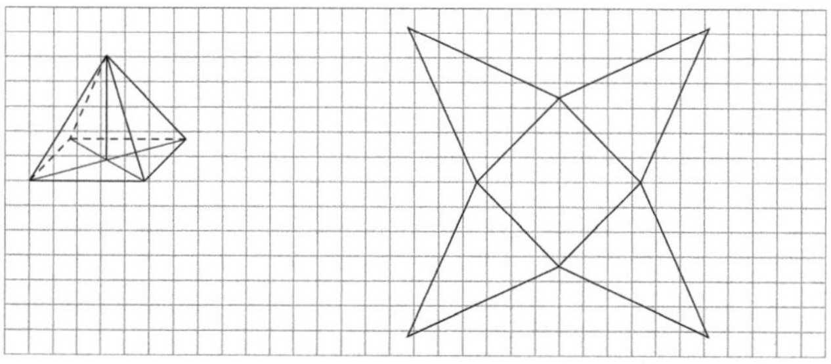

je ❷

65 **4**

r	s	h	M	G	O
8 cm	**11,3 cm**	8 cm	**284 cm²**	**201,1 cm²**	**485,1 cm²**
33 mm	42,6 mm	**26,9**	**4416,5 mm²**	**3421,2 mm²**	**7837,7 mm²**
29 m	**71 m**	**64,8 m**	6468,5 m²	**2642,1 m²**	**9110,6 m²**

je ❶

5

a	s	h_a	h	M	O
15 cm	**14,6 cm**	**12,5 cm**	10 cm	**375 cm²**	**600 cm²**
3 dm	5 dm	**4,8 dm**	**4,5 dm**	**28,8 dm²**	**37,8 dm²**
11,3 m	**10,6 m**	9 m	7 m	**203,4 m²**	**331,1 m²**

je ❶

4 Kugel $V \approx 220\,893{,}2$ cm³; Pyramide $V = 187\,500$ cm³; Kegel $V \approx 294\,524{,}3$ cm³ je ❶

6 ① falsch; Das Volumen verachtfacht sich. ❶ ; ② richtig ❶ ; ③ richtig ❶

Zusammengesetzte Körper

66

Ausgangsdiagnose

	w	f	Bemerkungen oder Lösungswege können teilweise nur beispielhaft sein, weil es verschiedene Möglichkeiten geben kann.
1	×		Kegel mit Spitze nach unten und aufgesetzter Zylinder
	×		Die Beschreibung ist korrekt.
	×		Bestätigung durch Auszählen
2	×		Die Beschreibung und die entsprechende Darstellung sind korrekt.
		×	Das Schrägbild ist unabhängig von der Lage der Körper zu zeichnen.
		×	Es ist nur ein Kreis, der zur Oberfläche gehört.
	×		Bestätigung durch Auszählen

66 **3**

×		Das ist korrekt. Aufriss = Vorderansicht; Grundriss = Draufsicht
×		„Haus mit Dach"
	×	Es muss auch noch im Aufriss eine Linie für die waagerechte Körperkante eingefügt werden.

67 **4**

	×	Die „Berührungsflächen" gehören nicht dazu.
×		$h_a \approx 2{,}14$ cm; $O \approx 5 \cdot 1{,}5^2\ \text{cm}^2 + 2 \cdot 1{,}5 \cdot 2{,}14\ \text{cm}^2$; $O \approx 17{,}66\ \text{cm}^2$
	×	Eine Kreisfläche ist zu viel, die „Berührungsfläche" des Zylinders mit dem Kegel.
×		5 Quadrate des Würfels + 2 Rechtecke des Daches (7 Rechtecke); 2 Dreiecke der „Dachgiebel"
	×	$O = \pi r^2 + 2\pi r h + 2\pi r^2 = \pi r\,(3r + 2h)$

5

×		Das ist korrekt.
	×	Das Volumen des Silos ist deutlich geringer.
	×	Das gilt nur, wenn Würfel und Pyramide gleiche Höhen haben.
×		$V = 15^3\ \text{cm}^3 + \frac{1}{3} \cdot 1{,}5^2 \cdot 2\ \text{cm}^3 = 4{,}875\ \text{cm}^3$
×		$V = \pi r^2 h + \frac{2}{3}\pi r^3 = \pi r^2 \left(\frac{2}{3} r + h\right)$

Förderangebot

68 **1** individuell verschiedene Beispiele; z.B. Häuser mit Satteldach (Quader und Prisma); Mülleimer (Zylinder und Halbkugel); Kirchtürme (Quader und Pyramide); …

2 ① Quader und Pyramide; ② Zylinder und Halbkugel; ③ Würfel und Prisma; ④ Halbkugel und Kegel

3 **a)** falsch; 4 Ecken fallen zusammen, also sind es 9 Ecken
b) falsch; Eine Fläche des Würfels und die Grundfläche der Pyramide gehören nicht zur Oberfläche („Berührungsflächen"), also sind es 9 Flächen.
c) falsch; 4 Kanten fallen zusammen, also sind es 16 Kanten.
d) richtig

69 **4** Länge jeder Seitenkante der Pyramide: $\approx 2{,}8$ cm

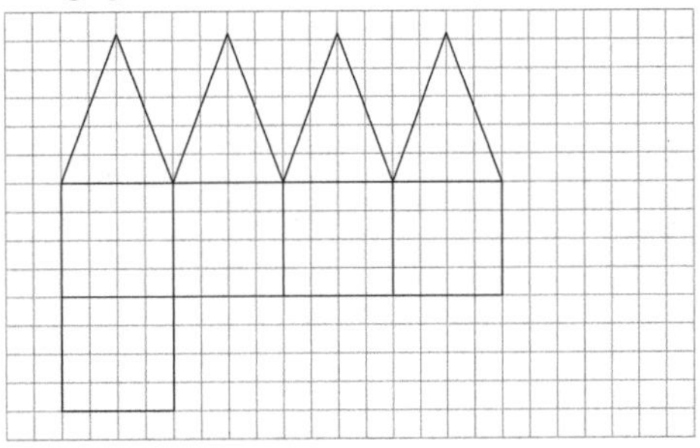

5

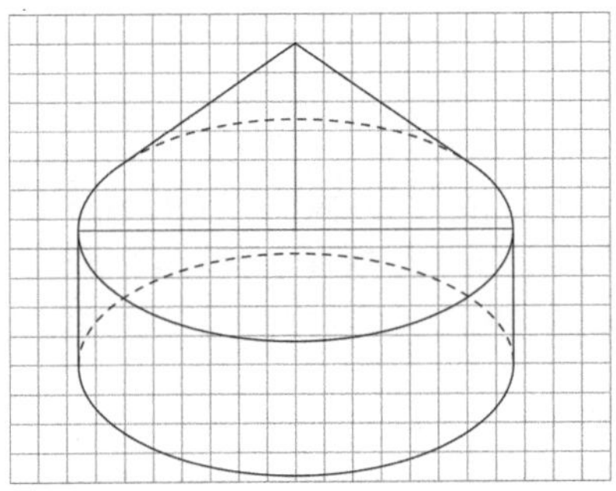

6 Die beiden in der Darstellung äußeren Rechtecke sind zu lang. Sie müssten 1,2 cm Länge haben, nicht 1,3 cm.

70 **7** Bei der Zweitafelprojektion wird ein Objekt aus zwei verschiedenen Blickrichtungen gezeichnet und zwar von oben (Grundriss) und von vorne (Aufriss). Dabei werden die Eckpunkte in die Grundebene projiziert und werden miteinander verbunden. In das Zweitafelbild wird auch die Schnittgerade der beiden Projektionsebenen eingezeichnet, Rissachse genannt. Die Verbindungslinien der Bildpunkte jedes Eckpunktes im Grundriss und im Aufriss verlaufen senkrecht zur Rissachse. Sie werden Ordnungslinien genannt.

8 Darstellungen hier auf 50% verkleinert

①

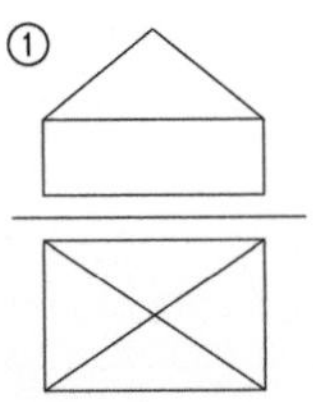

②

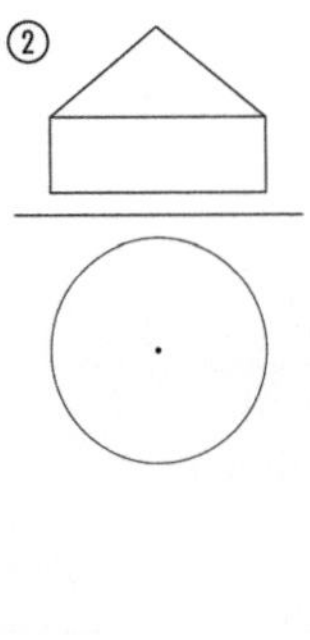

9 Darstellungen hier auf 50% verkleinert

a)

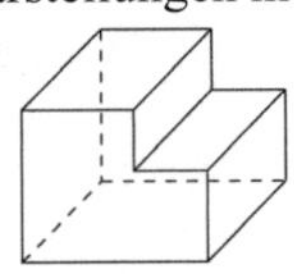

b)

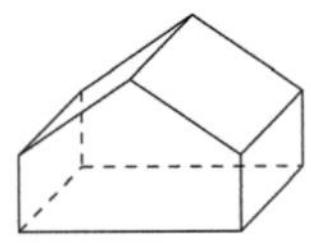

71 **10 a)** $h_a \approx 7{,}07$ cm; $O \approx 5 \cdot 10^2$ cm$^2 + 2 \cdot 10 \cdot 7{,}07$ cm^2; $O \approx 641{,}4$ cm^2
b) $O = \pi \cdot 4^2$ cm$^2 + 2\pi \cdot 4 \cdot 10$ cm$^2 + 2\pi \cdot 4^2$ cm^2; $O \approx 402{,}1$ cm^2
c) $s = 6{,}5$ cm; $O = 2 \cdot (3 \cdot 5 + 10 \cdot 5 + 10 \cdot 3)$ cm$^2 - \pi \cdot 2{,}5^2$ cm$^2 + \pi \cdot 2{,}5 \cdot 6{,}5$ cm^2
d) $a \approx 4{,}24$ cm; $h_a \approx 5{,}43$ cm; $O \approx 2\pi \cdot 3 \cdot (3 + 5)$ cm$^2 - 4{,}24^2$ cm$^2 + 2 \cdot 4{,}24 \cdot 5{,}43$ cm^2; $O \approx 178{,}9$ cm^2

11 a) Kreis, Rechteck, Kreisausschnitt
b) $s \approx 2{,}3$ m; $O \approx \pi \cdot 1{,}125^2$ m$^2 + 2\pi \cdot 1{,}125 \cdot 2{,}5$ m$^2 + \pi \cdot 1{,}125 \cdot 2{,}3$ m^2; $O \approx 29{,}8$ m^2
c) Es werden ca. 6 l Farbe benötigt. Die Kosten dafür betragen 179,40 €.
d) Da sich alle Werte (auch s) verdoppeln, vervierfacht sich der Oberflächeninhalt.

72 **12 a)** $V = 10^3$ cm$^3 + \frac{1}{3} \cdot 10^2 \cdot 5$ cm^3; $V \approx 1166{,}7$ cm^3
b) $V = \pi \cdot 4^2 \cdot 10$ cm$^3 + \frac{2}{3}\pi \cdot 4^3$ cm^3; $V \approx 636{,}7$ cm^3
c) $V = 10 \cdot 5 \cdot 3$ cm$^3 + \frac{1}{3}\pi \cdot 2{,}5^2 \cdot 6$ cm^3; $V \approx 189{,}3$ cm^3
d) $V \approx \pi \cdot 3^2 \cdot 5$ cm$^3 + \frac{1}{3} \cdot 4{,}2^2 \cdot 5$ cm^3; $V \approx 171{,}4$ cm^3

13 a) $V \approx 400$ cm$^3 + 366{,}7$ cm^3; $V \approx 766{,}7$ cm^3
b) $V \approx 452{,}4$ cm$^3 + 414{,}7$ cm^3; $V \approx 867{,}1$ cm^3
c) $V \approx 4666{,}7$ cm^3
d) $V \approx 17\,671{,}5$ cm^3

14 a) $V = 816$ m^3; Preis 175 440 €
b) $V = 478{,}5$ m^3; Preis 102 877,50 €

73 **15 a)** zwei Viertelkugeln und ein Halbzylinder
In den folgenden Teilaufgaben wird mit dem Minimalradius $r = 105$ m gerechnet. Insbesondere bei den Teilaufgaben c) und d) können Radien zwischen 105 m und 107 m akzeptiert werden.
b) Abbildung Grundfläche; sinnvoll im Maßstab 1:4000, also ein Rechteck mit 3,75 cm × 5,25 cm, an dessen kürzeren Seiten jeweils Halbkreise angefügt sind
Ein Fußballfeld muss 45 m bis 90 m breit und 90 m bis 120 m lang sein. Es hat üblicherweise 68 m × 105 m. Würde versucht werden, die Grundfläche mit den Rechteckflächen für die Fußballfelder auszulegen, würden nur 6 Fußballfelder auf die Grundfläche passen.
Allerdings würden z.B. 8 Fußballfelder der Größe 60 m × 100 m hineinpassen.
Rechnerisch könnten sogar 9 Fußballfelder hineinpassen (Grundfläche gesamt 66 136 m^2; Fläche eines Fußballfeldes nach Fifa-Norm 7140 m^2)
c) 2 Viertelkugeln (= Halbkugel) mit $r = 105$ m: $O \approx 69\,272$ m^2
Halbzylindermantel mit $r = 105$ m und $h = 150$ m: $O \approx 49\,480$ m^2
Gesamtoberfläche ca. 118 752 m^2
d) Halbkugel $V \approx 2\,424\,524$ m^3; Halbzylinder $V \approx 2\,597\,704$ m^3; insgesamt $V \approx 5\,022\,228$ m^3
e) individuell verschieden; z.B. Höhe 100 m; Grundfläche $\approx 50\,222$ m^2; $a \approx 500$ m; $b \approx 100{,}4$ m

Nachdiagnose

74 **1** ① falsch; 5 Quadrate und 4 Dreiecke ❶
② falsch; 9 Ecken, da 4 Ecken zusammenfallen ❶
③ falsch; Kegel mit $d = 3$ cm ❶

2 Es wird hier davon ausgegangen, dass die Giebelseite die schmale Hausseite ist. ❹

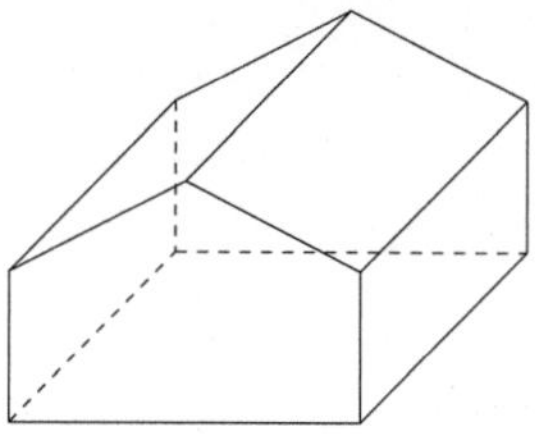

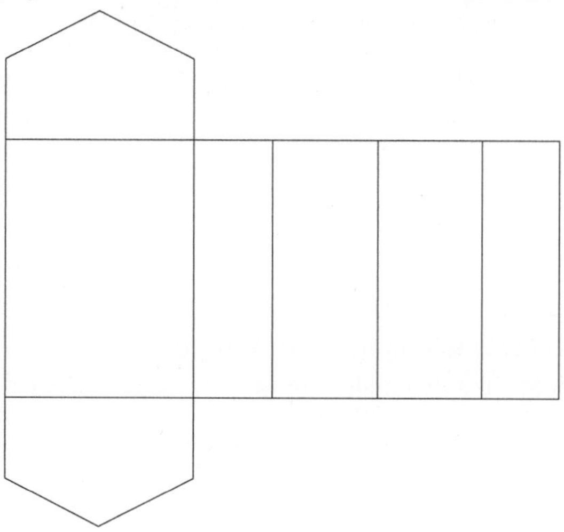

74 **3** Es wird hier davon ausgegangen, dass die Giebelseite die schmale Hausseite ist. ❹

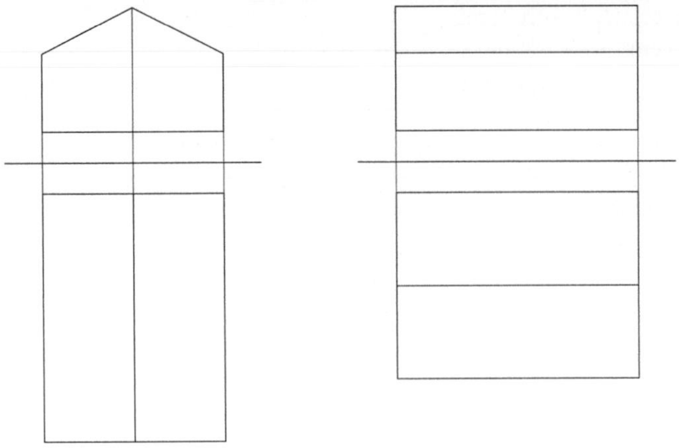

75 **4** $O = \pi \cdot (4 \cdot 8 + 5^2 + 2 \cdot 5^2)\ \text{cm}^2$; $O \approx 336{,}15\ \text{cm}^2$ ❺

5 $1077{,}6 = \pi r^2 + 2\pi \cdot r \cdot 2r + 2\pi r^2$; $1077{,}6 = 7\pi r^2$; $r \approx 7$ cm ❹

6 $V = a^3 + \frac{1}{3} \cdot a^2 \cdot a = \frac{4}{3}a^3$ ❷; Für $a = 15$ cm gilt $V = 4500\ \text{cm}^3$. ❶

7 ① falsch; Das Volumen verachtfacht sich. ❶
② falsch; Das Volumen nimmt um $33\frac{1}{3}$ % zu. ❶
③ richtig; $\frac{1}{3}\pi 4^2 \cdot 4 + \frac{2}{3}\pi 4^3 = \pi 4^3$ ❶

Etwas andere Aufgaben

76 **Einen Pyramidenstern basteln**

a) Das Tetraeder besteht aus vier gleich großen gleichseitigen Dreiecken.
b) $h_{\text{Dreieck}} \approx 6{,}93$ cm; $O \approx 110{,}88\ \text{cm}^2$
c) $V \approx 60{,}34\ \text{cm}^3$
d) Die Kantenlänge des kleineren Tetraeders ist halb so lang wie die Kantenlänge des größeren Tetraeders. Es müssen also vier Tetraeder mit 4 cm Kantenlänge gebastelt werden.
e) Höhe eines Dreiecks im kleinen Tetraeder $h \approx 3{,}464$ cm
$O = 4 \cdot 3 \cdot 4 \cdot 3{,}464\ \text{cm}^2$; $O \approx 166{,}3\ \text{cm}^2$
V des kleinen Tetraeders $7{,}54\ \text{cm}^3$
Gesamtvolumen $V \approx 60{,}34\ \text{cm}^3 + 4 \cdot 7{,}54\ \text{cm}^3$; $V \approx 90{,}5\ \text{cm}^3$

77 **Die Pyramiden von Mexiko**

a) Es sind keine Pyramiden, denn eine Pyramide besteht aus Dreiecken als Seitenflächen und das ist hier nicht der Fall.

b)

Anzahl der Schichten	Anzahl W_P der Würfel der Pyramide	Anzahl W_Q der Würfel des Quaders	$W_P : W_Q$
2	5	8	5 : 8 = 0,625
3	**14**	**27**	**0,52**
4	**30**	64	**0,47**
5	**55**	**125**	**0,44**
6	**91**	**216**	**0,42**

c)

7	140	343	0,41
10	385	1000	0,385
15	1240	3375	0,37
n	$1^2 + 2^2 + \ldots + n^2$	n^3	$(1^2 + 2^2 + \ldots + n^2) : n^3$

Der Quotient wird immer kleiner. Er scheint sich dem Wert $\frac{1}{3}$ zu nähern.

d) Die Anzahl der Würfel in der Mexiko-Pyramide wird genauso aufgebaut wie die Anzahl von Quadraten auf einem Schachbrett: $1^2 + 2^2 + 3^2 + \ldots + 8^2 = 204$.
Man kann auf einem Schachbrett 204 unterschiedliche Quadrate finden. Dies entspricht der Anzahl von Würfeln in einer achtschichtigen Würfel-Pyramide.

Gesamtdiagnose

78 **1** Turm: Zylinder; Kegel; Kirche: Prisma, Quader, Pyramide je ❶

2 ❹

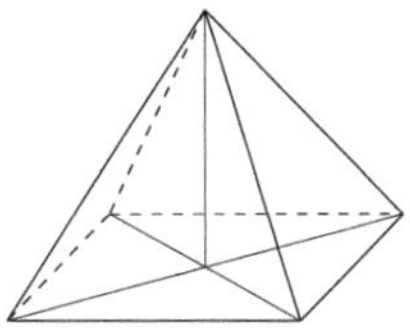

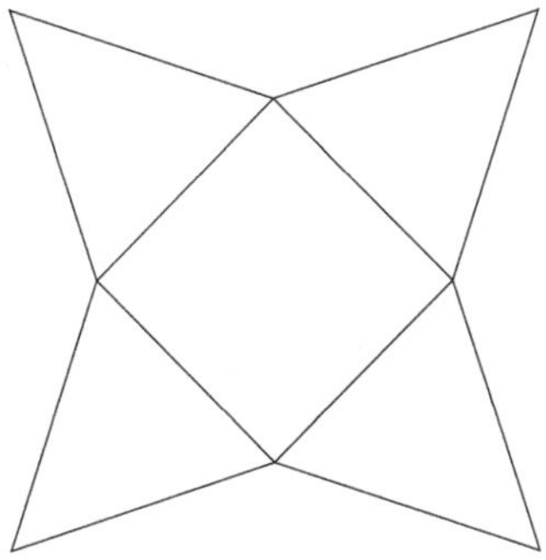

3 individuell verschieden je ❷
z.B.: Turm

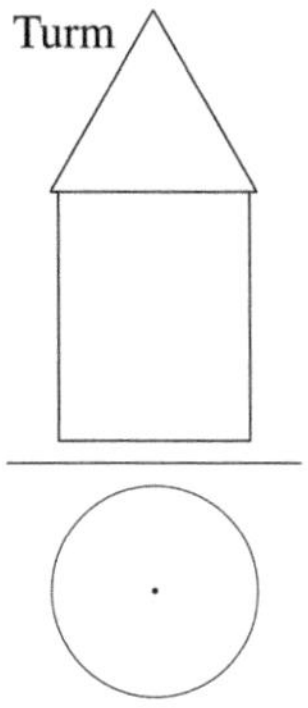

Kirche

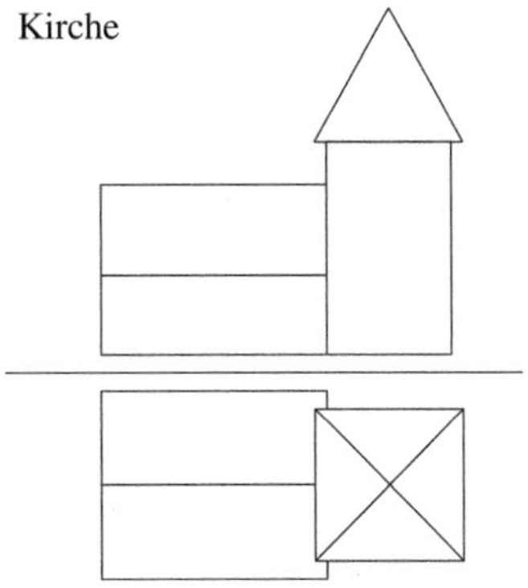

79 **4**

r	d	h	M	O
7 cm	**14 cm**	8 cm	**351,9 cm²**	**659,7 cm²**
6 mm	12 mm	3 cm	**1131 mm²**	**1357,2 mm²**
26 m	**52 m**	20 m	3267,3 m²	**7514,7 m²**
13 cm	**26 cm**	**10 cm**	**816,8 cm²**	1878,7 cm²

je ❶

5 **a)** $V = \pi \cdot 2{,}1^2 \cdot 1500\ \text{cm}^3$; $V \approx 20\,782\ \text{cm}^3$ In den Schlauch passen ca. 20,8 l Wasser. ❷
b) Der Schlauch hat bei gleichem Innenradius die doppelte Länge. Somit passt in den Schlauch auch doppelt so viel Wasser ❷

6 $V = 215\,984{,}5\ \text{mm}^3$; $m \approx 1{,}9\ \text{kg}$ Das Kabel wiegt ca. 1,9 kg. ❸

7 **a)** $r_i = 125\ \text{cm}$; $r_a = 140\ \text{cm}$; $V \approx 1{,}25\ \text{m}^3$ ❷
b) Der Betonring wiegt ca. 2997 kg. ❶

80 **8** **a)** $h_a \approx 43{,}1\ \text{cm}$; $O \approx 3782{,}4\ \text{cm}^2$ ❷ **b)** $s \approx 2{,}7\ \text{m}$; $O \approx 11{,}6\ \text{m}^2$ ❷
c) $O \approx 205\,887\ \text{mm}^2$ ❶

9

a	s	h_a	h	V
8 cm	**11,5 cm**	**10,8 cm**	10 cm	**213,3 cm³**
15 m	**14,6 m**	**12,5 m**	**10 m**	750 m³
36 dm	**37,9 dm**	33,3 dm	28 dm	**12 096 dm³**

je ❶

10 ① $V \approx 904{,}8\ \text{cm}^3$; ② $V \approx 414{,}7\ \text{cm}^3$; ③ $V \approx 760{,}3\ \text{cm}^3$ je ❶
Die Kugel hat das größte Volumen. ❶

11 $V = \pi \cdot (3^2 \cdot 5 + 1{,}5^2 \cdot 3 + \frac{2}{3} \cdot 3^3)\ \text{cm}^3$; $V \approx 219{,}1\ \text{cm}^3$ ❶
$O = \pi \cdot (6 \cdot 3^2 - 2 \cdot 1{,}5^2 + 6 \cdot 5)\ \text{cm}^2$; $O \approx 249{,}76\ \text{cm}^2$ ❶

Körper

Vorwissen

Zylinder

Pyramide, Kegel und Kugel

Zusammengesetzte Körper

Hinweise zur Arbeit mit dem Heft

Liebe Schülerin, lieber Schüler,

mit diesem Heft soll dir die Möglichkeit gegeben werden, dein Wissen und deine Kompetenzen in den Themenbereichen *Berechnungen am Kreis* sowie *Körper* selbstständig zu diagnostizieren und gezielt zu verbessern.
Am Anfang jedes Themas steht ein Grundwissenbereich. Mit dessen Hilfe kannst du das nötige Grundwissen prüfen und ausgleichen.
Zur schrittweisen Sicherung deiner Fertigkeiten und Fähigkeiten sind die Themenbereiche in kleinere „Untereinheiten" gegliedert.
Jedes Unterthema enthält eine Ausgangsdiagnose, einen Förderabschnitt und eine Nachdiagnose zur Prüfung deines Lernfortschritts.
Am Ende des Themenbereiches ist schließlich eine Gesamtdiagnose zu absolvieren, bei deren Auswertung du deinen Leistungsstand für das gesamte Themengebiet überprüfen kannst.

Inhaltsübersicht

In der Inhaltsübersicht kannst du einen schnellen Überblick über die wichtigen Begriffe und ihre inhaltlichen Beziehungen erhalten. Du solltest darin zunächst markieren, was du bisher im Unterricht behandelt hast. Dann solltest du eigene Ergänzungen vornehmen, wie zum Beispiel Formeln, die du für wichtig hältst oder Einzelthemen, die nicht in der Übersicht zu finden sind, die aber im Unterricht innerhalb des Themenbereichs behandelt wurden.

Inhalte und Beispiele

Dieser Abschnitt enthält in kurzer Form die wichtigsten Inhalte des jeweiligen Themenbereiches mit ausgewählten Beispielen.

Ausgangsdiagnose und Förderangebot

Dieser Diagnosebogen ist so aufgebaut, dass nur angekreuzt werden muss, ob eine Aussage wahr bzw. falsch ist. Du solltest bei jeder Aufgabe auch möglichst kurz, aber präzise aufschreiben, warum du dich entsprechend entschieden hast.
Vergleiche den ausgefüllten Diagnosebogen mit den Angaben im Lösungsheft.
Hast du alle Aufgaben richtig gelöst und fühlst dich sicher in dem Themenbereich, kannst du an die Lösung der komplexen Aufgaben aus dem anschließenden Förderaufgabenbereich herangehen.
Hast du bei Aufgaben Fehler gemacht, findest du auf dem Arbeitsblatt jeweils einen Verweis, welche Aufgaben aus dem Förderangebot dir helfen können, um diese Fehler künftig zu vermeiden.
Markiere zur Kontrolle auf dem Diagnosebogen, wenn du zugehörige Aufgaben aus dem Förderangebot bearbeitet hast.
Ist das Symbol www abgedruckt, findest du weiteres Übungsmaterial im Online-Angebot des Cornelsen Verlages.
Gib dazu im Web-Browser **www.cornelsen.de/mathematik-diagnosehefte** ein.
Trage dann in die entsprechenden Felder die Buchkennung **MDF004366** und den auf der Seite neben dem Symbol angegebenen Mediencode (z. B. 008-1) ein.
Du solltest in jedem Fall auch komplexe Aufgaben lösen.

Nachdiagnose und Gesamtdiagnose

Am Ende jedes Unterkapitels steht die Nachdiagnose. Mit ihrer Hilfe kannst du die Fortschritte überprüfen, die du durch die Fördeaufgaben erzielt hast. Die gleiche Funktion hat auch die Gesamtdiagnose, mit der das Thema abgeschlossen wird. Eine Kontrolle mithilfe des Lösungsheftes zeigt dir, wo du noch Fehler gemacht hast und welche Aspekte du besser noch üben solltest.

Für den Erhalt der Freude an Mathematik findest du in dem Heft auch ein Angebot von „etwas anderen Aufgaben".

Wie kann man den Umfang und den Flächeninhalt eines Kreises berechnen?

Schneidet man einen Teil eines Kreises wie ein Tortenstück aus, erhält man einen Kreissektor, auch Kreisausschnitt genannt.

Bei Berechnungen am Kreis können meist nur Näherungswerte als Ergebnisse angegeben werden.

Mit welcher Formel berechnet man die Bogenlänge eines Kreisausschnitts?

Mit welchem Näherungswert für π kann man rechnen, wenn kein Taschenrechner verfügbar ist?

Berechnungen am Kreis

Beim Kreisring kann man den Flächeninhalt berechnen. Den Umfang eines Kreisrings gibt es nicht.

Welche Größen kann man aus dem Flächeninhalt eines Kreises berechnen?

Kreisbogen und Kreisumfang bilden das gleiche Verhältnis wie Mittelpunktswinkel und Vollwinkel.

Inhaltsübersicht

Diese Inhaltsübersicht soll dir helfen, schnell zu erfassen, welche Zusammenhänge und Begriffe mit dem Thema verbunden sind. Du kannst und solltest die Übersicht auch nach deinen eigenen Vorstellungen erweitern bzw. ergänzen, sodass sie dir auch bei der Bearbeitung der Aufgaben nützlich sein kann.
Einzelne Variablen können hier anders sein, als du sie kennengelernt hast. Variablen können stets ausgetauscht werden.

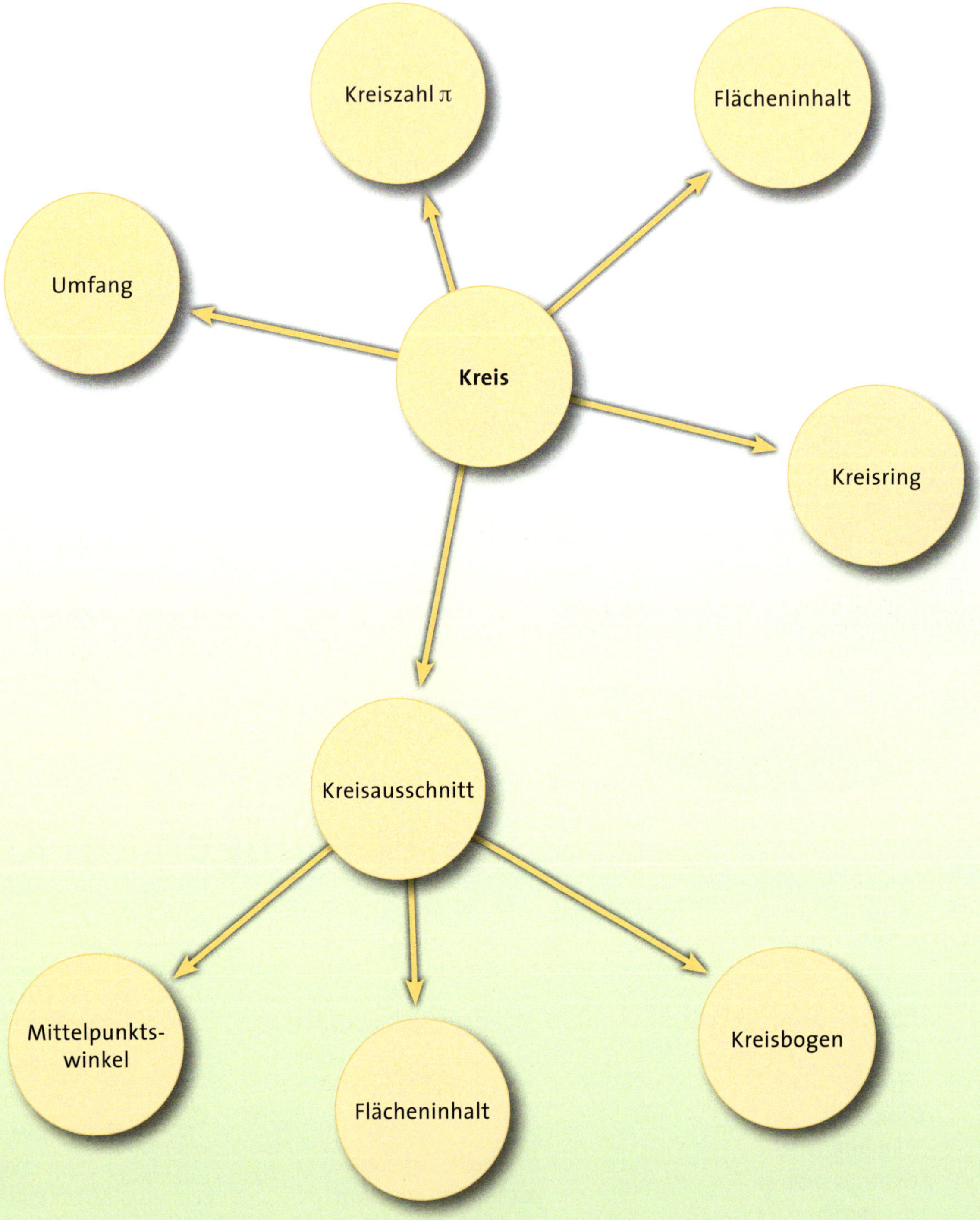

Inhalt | **Beispiel**

Beim Kreis ist das Verhältnis von Umfang zum Durchmesser konstant und hat den Wert $\pi = 3{,}1415\ldots$
Die Zahl π ist eine unendliche, nichtperiodische Dezimalzahl. Ohne Taschenrechner kann mit dem Näherungswert 3,14 gerechnet werden. Bei Taschenrechnern ist ein besserer Näherungswert von π gespeichert. Nach Berechnungen mit π werden sinnvoll gerundete Ergebnisse angegeben.

Abwickeln von Umfängen für verschiedene Kreise:

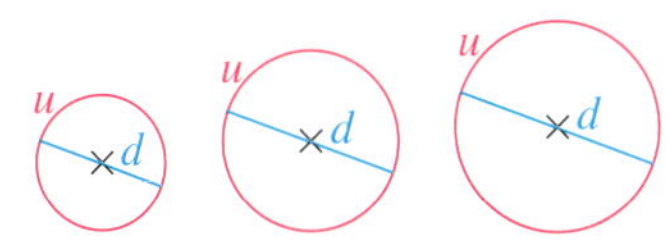

Annähernd gilt (in mm): $\frac{28}{9} \approx \frac{38}{12} \approx \frac{44}{14} \approx \pi$

Für den Umfang eines Kreises gilt: $u = 2\pi r$ bzw. $u = \pi d$.

$r = 2{,}3\,\text{cm}$; mit $\pi = 3{,}14$ gerechnet: $u = 3{,}14 \cdot 2{,}3\,\text{cm}$
$u \approx 7{,}2\,\text{cm}$

Ein Kreisring wird aus einem äußeren und einem inneren Kreis mit gemeinsamen Mittelpunkten gebildet. Die Fläche eines Kreisrings ergibt sich aus der Differenz des äußeren und des inneren Kreises.
$A = \pi\left(r_a^2 - r_i^2\right)$

$r_i = 0{,}6\,\text{cm}$; $r_a = 1{,}1\,\text{cm}$; $A = \pi\,(1{,}1^2 - 0{,}6^2)\,\text{cm}^2$
$A = \pi \cdot 0{,}85\,\text{cm}^2$
$A \approx 2{,}67\,\text{cm}^2$

In einem Kreisausschnitt sind Mittelpunktswinkel α und Kreisbogen b definiert. Es gilt $\frac{b}{u} = \frac{\alpha}{360°}$.

Daraus folgt: $b = 2\pi r\,\frac{\alpha}{360°} = \pi r\,\frac{\alpha}{180°}$; $\alpha = \frac{b}{\pi r} \cdot 180°$
$A = \pi r^2\,\frac{\alpha}{360°}$

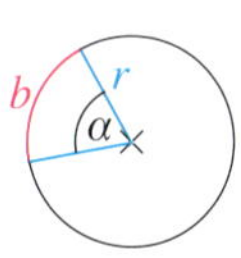

$r = 1{,}2\,\text{cm}$; $\alpha = 38°$

$b = \pi \cdot 1{,}2\,\text{cm} \cdot \frac{38°}{180°}$; $b \approx 0{,}8\,\text{cm}$

$A = \pi \cdot 1{,}2^2\,\text{cm}^2 \cdot \frac{38°}{180°}$; $A \approx 0{,}96\,\text{cm}^2$

In Anwendungsaufgaben zum Kreis sind oft auch mehrere der oben genannten Berechnungsmöglichkeiten miteinander zu verknüpfen.

Der Durchmesser des Wiener Riesenrades beträgt 61 m. Zwei Gondeln bilden über die Streben zur Drehachse einen Mittelpunktswinkel von 24°. Wie viele Gondeln hat das Riesenrad und wie lang ist der orange markierte Bogen von Gondel zu Gondel?

360 : 24 = 15 Es sind 15 Gondeln.

$r = 30{,}5\,\text{m}$; $b = \pi \cdot 30{,}5\,\text{m} \cdot \frac{24°}{180°}$; $b \approx 12{,}8\,\text{m}$

Ist der Flächeninhalt zusammengesetzter Flächen zu bestimmen, ist es meist zweckmäßig, die Flächeninhalte der einzelnen Flächen zu berechnen und dann zu addieren.

Wie viel ha Flächeninhalt hat der Fußballplatz und welchen Umfang?

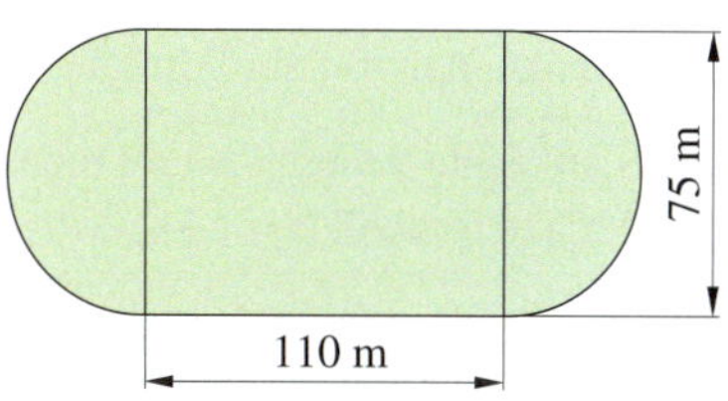

Die Fläche setzt sich aus einem Kreis (K) und einem Rechteck (R) zusammen.

$r = 37{,}5\,\text{m}$; $A_K = \pi \cdot 37{,}5^2\,\text{m}^2$; $A_K \approx 4418\,\text{m}^2$;
$A_R = 110 \cdot 75\,\text{m}^2$; $A_R = 8250\,\text{m}^2$
$A \approx 4418\,\text{m}^2 + 8250\,\text{m}^2$; $A \approx 12\,668\,\text{m}^2$, $A \approx 12{,}67\,\text{ha}$
$u = u_K + 2 \cdot 110\,\text{m}$; $u = \pi \cdot 75\,\text{m} + 220\,\text{m}$
$u \approx 236\,\text{m} + 220\,\text{m}$; $u \approx 456\,\text{m}$
Es sind ca. 12,67 ha Flächeninhalt und ca. 456 m Umfang.

Vorwissen

Aufgabe	w	f	Bemerkungen oder richtige Lösungen	Richtig gelöst? ✓
1 $3\,m = 30\,dm = 300\,cm = 3000\,mm$				
$4\,cm = 0{,}4\,dm = 0{,}04\,m = 0{,}004\,km$				
$3\,m^2 = 30\,dm^2 = 300\,cm^2 = 3000\,mm^2$				
Ein DIN-A4-Blatt besitzt eine Fläche von ca. $62\,cm^2$.				
$1\,km^2 = 10\,ha$				
Umwandeln von Größen			S. 10, Nr. 1, 2	←

geübt?

Aufgabe	w	f	Bemerkungen oder richtige Lösungen	Richtig gelöst? ✓
2 Ein Quadrat mit der Seitenlänge $a = 8\,cm$ hat einen Umfang von 32 cm und einen Flächeninhalt von $64\,cm^2$.				
Ein Rechteck mit den Seitenlängen $a = 4\,m$ und $b = 12\,m$ hat 16 m Umfang und $48\,m^2$ Flächeninhalt.				
Haben zwei Quadrate den gleichen Umfang, so haben sie auch den gleichen Flächeninhalt.				
Haben zwei Rechtecke den gleichen Flächeninhalt, so haben sie auch den gleichen Umfang.				
Umfang und Flächeninhalt von Quadrat und Rechteck			S. 10, Nr. 3, 4	←

geübt?

Aufgabe	w	f	Bemerkungen oder richtige Lösungen	Richtig gelöst? ✓
3 Um den Flächeninhalt einer Raute zu bestimmen, müssen die Längen der Diagonalen addiert und die Summe durch zwei geteilt werden.				
Den Flächeninhalt eines Parallelogramms berechnet man mit der Formel $A = a \cdot h_a$.				
Das auf Seite 9 dargestellte Trapez hat den Flächeninhalt $A = \frac{(1+5)}{3} \cdot 5\,m^2 = 10\,m^2$.				
Multipliziert man die Längen der Katheten eines rechtwinkligen Dreiecks und teilt den Wert des Produkts durch 2, so erhält man den Flächeninhalt des Dreiecks.				
Ein gleichseitiges Dreieck mit der Seitenlänge $a = 10\,cm$ hat eine Höhe von 8,7 cm bei einem Flächeninhalt von $43{,}5\,cm^2$.				
Flächeninhalt von Dreieck und Viereck			S. 11, Nr. 5	←

geübt?

Zeichnung zu Aufgabe 3:

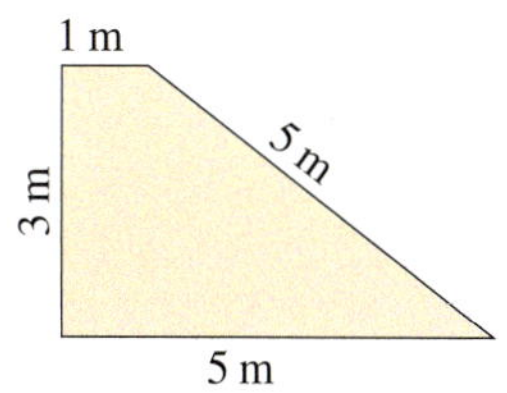

Zeichnung zu Aufgabe 4:

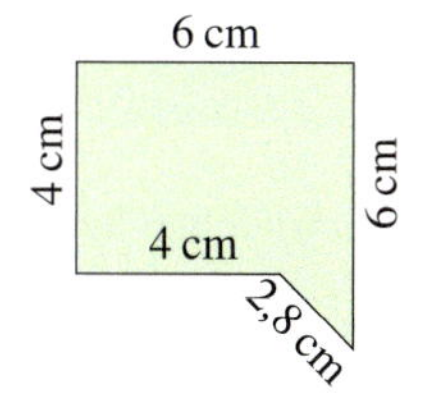

	Aufgabe	w	f	Bemerkungen oder richtige Lösungen	Richtig gelöst? ✓
4	Die abgebildete Figur kann in ein Dreieck und ein Rechteck zerlegt werden. Daher ist die Figur ein Siebeneck.				
	Die abgebildete Figur ist ein Fünfeck, das in ein Quadrat mit $a = 4\,\text{cm}$ und ein Parallelogramm zerlegt werden kann.				
	Die Figur hat 30,8 cm Umfang, weil das Quadrat in der Zerlegung 16 cm Umfang hat und das Trapez 14,8 cm.				
	Die Figur hat $26\,\text{cm}^2$ Flächeninhalt, weil das Quadrat in der Zerlegung $16\,\text{cm}^2$ Flächeninhalt hat und das Trapez $10\,\text{cm}^2$.				
	Der Flächeninhalt der Figur lässt sich auch bestimmen, wenn man sie in ein Rechteck und ein Dreieck zerlegt.				
	Um den Flächeninhalt der Figur zu bestimmen, darf sie nicht zu einem großen Quadrat ergänzt werden, von dem der Flächeninhalt eines Trapezes abgezogen wird.				

Umfang und Flächeninhalt zusammengesetzter Figuren S. 11, Nr. 6 ← geübt?

5	$8x = 16;\quad x = 8$				
	$3x - 2 = -14;\quad x = 4$				
	$5x - 3 = 8x + 6;\quad 3x = -9;\quad x = -3$				
	$7 - 4x = 19 + 2x;\quad x = -2$				
	$x^2 = 121;\quad x_1 = 11$ oder $x_2 = -11$				
	$8x^2 = 200;\quad x^2 = 25;\quad x_1 = 5$ oder $x_2 = -5$				
	Die Gleichung $x^2 + 36 = 0$ hat keine Lösung.				

Gleichungen lösen S. 11, Nr. 7 ← geübt?

Basisaufgaben

Umwandeln von Größen

1 Färbe gleich große Größenangaben mit der gleichen Farbe ein.

a) 3 dm 3000 m 0,3 m 300 dm 3 cm
300 mm 0,3 dm 30 m 3000 cm 3 km
0,03 m 0,03 km 30 cm 30 000 dm

b) $3\,km^2$ $30\,cm^2$ 30 ha $3\,m^2$ $30\,000\,mm^2$
$0{,}3\,dm^2$ $3\,dm^2$ $300\,dm^2$ $0{,}03\,m^2$ $0{,}003\,m^2$
$30\,000\,cm^2$ $300\,cm^2$

2 Setze die richtige Einheit ein.

a) 3 m = 30 ________ b) 4 dm = 0,4 ________ c) 50 mm = 5 ________

d) 600 cm = 6 ________ e) 2 km = 2000 ________ f) 3 m = 3000 ________

g) 0,1 cm = 0,001 ________ h) 0,008 m = 8 ________ i) 0,07 cm = $\frac{7}{10}$ ________

j) $4\,m^2 = 400$ ________ k) $80\,000\,cm^2 = 8$ ________ l) 4 ha = 40 000 ________

m) $0{,}03\,cm^2 = 3$ ________ n) $1\,mm^2 = 0{,}0001$ ________ o) $0{,}0002\,m^2 = 2$ ________

Umfang und Flächeninhalt von Quadrat und Rechteck

3 Verbinde jeweils Quadrat bzw. Rechteck mit dem zugehörigen Umfang und Flächeninhalt.

$u = 18\,cm$ $u = 15\,cm$ $u = 12\,cm$ $u = 14\,cm$ $u = 17\,cm$

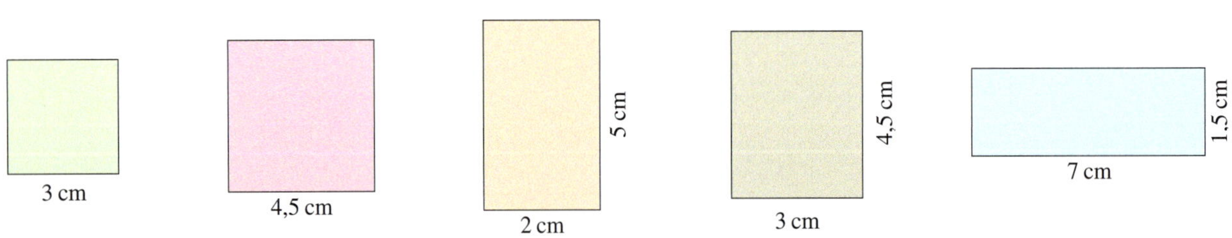

$A = 10\,cm^2$ $A = 9\,cm^2$ $A = 10{,}5\,cm^2$ $A = 20{,}25\,cm^2$ $A = 13{,}5\,cm^2$

4 Vervollständige die Tabelle für Rechtecke.

a	7 cm	9 m		8 m	0,25 km	
b	2,5 cm		5 mm	5 dm		
u		38 m				22 cm
A			$52{,}5\,mm^2$		5 ha	$24\,cm^2$

Flächeninhalt von Dreieck und Viereck

5 Ordne jeweils eine Formel zur Berechnung des Flächeninhalts richtig zu. Verbinde oder markiere mit gleichen Farben.

① Quadrat ② Rechteck ③ Parallelogramm ④ Trapez ⑤ Drachen ⑥ Dreieck

Ⓐ $\frac{a+c}{2} \cdot h$ Ⓑ $\frac{c \cdot h_c}{2}$ Ⓒ a^2 Ⓓ $a \cdot h_a$ Ⓔ $a \cdot b$ Ⓕ $\frac{e \cdot f}{2}$

Umfang und Flächeninhalt zusammengesetzter Figuren

6 Bestimme die Umfänge und die Flächeninhalte der Figuren.

①
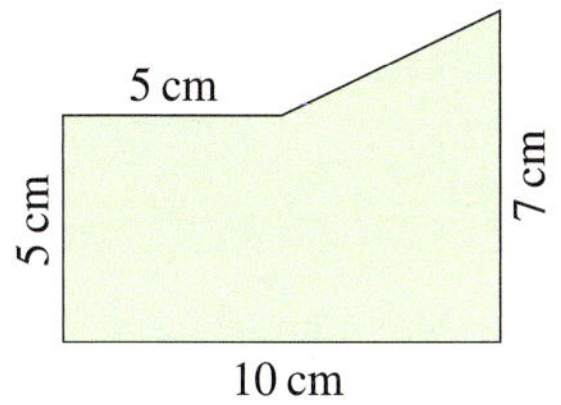

②
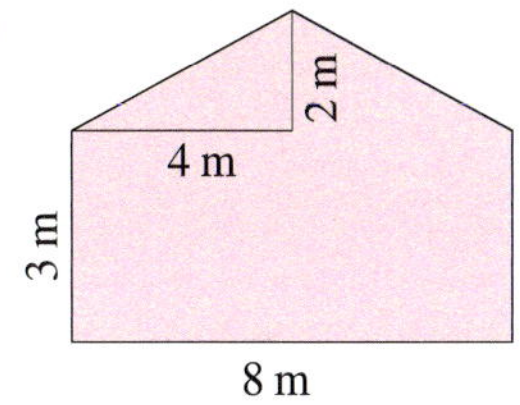

③
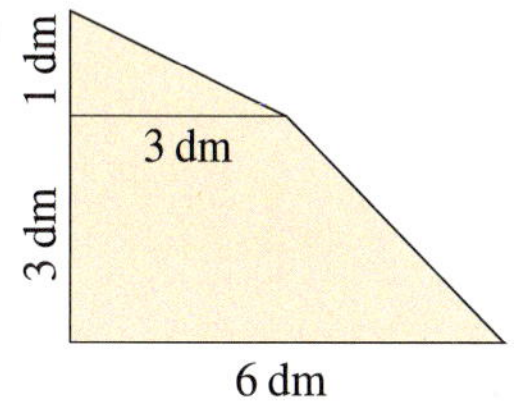

Gleichungen lösen

7 Löse die Gleichung. Notiere auch die Äquivalenzumformungen.

a) $3x + 7 = 2x - 5$

b) $\frac{3}{4}x - \frac{1}{2} = 2x + 3\frac{1}{4}$

c) $4x^2 = 1$

Vorwissen

Kreuze gleich nach der Fertigstellung der Aufgabe an, wie du mit der Lösung der Aufgabe zurechtgekommen bist.
Trage später nach dem Vergleich mit den Lösungen ein, wie viele Aufgaben du richtig gelöst hast.

1 Ergänze die richtige Einheit.

a) 703 m = 7030 ________ **b)** 8 dm = 800 ________ **c)** 0,3 km = 300 ________

d) 1,5 dm = 15 ________ **e)** 2 m = 0,002 ________ **f)** $3\frac{1}{2}$ m = 3500 ________

g) $2\,m^2 = 200$ ________ **h)** $0{,}8\,dm^2 = 80$ ________ **i)** $200\,000\,cm^2 = 20$ ________

j) $0{,}0003\,dm^2 = 0{,}03$ ________ **k)** 50 ha = $\frac{1}{2}$ ________ **l)** $70\,000\,m^2 = 7$ ________

Umwandeln von Größen ☐ ☐ ☐ ☐ /12

2 Vervollständige die Tabelle für Rechtecke.

a	8 cm	4 mm	5 m		250 m	
b	6,5 cm	3 cm		0,5 km		
u			17 m			33 mm
A				$4\,km^2$	2 ha	$8\,mm^2$

Umfang und Flächeninhalt von Quadrat und Rechteck ☐ ☐ ☐ ☐ /12

3 Berechne den Flächeninhalt.

a) Parallelogramm

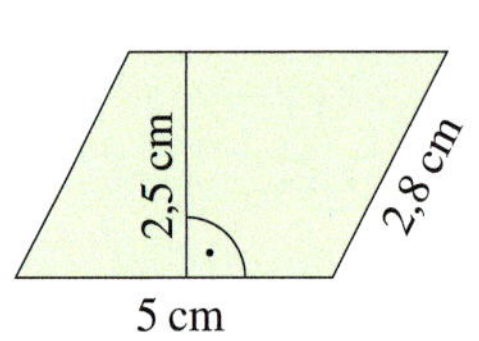

b) Raute

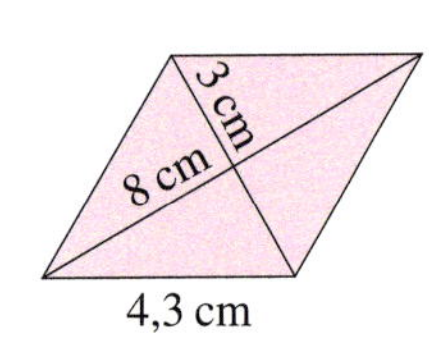

c) Trapez

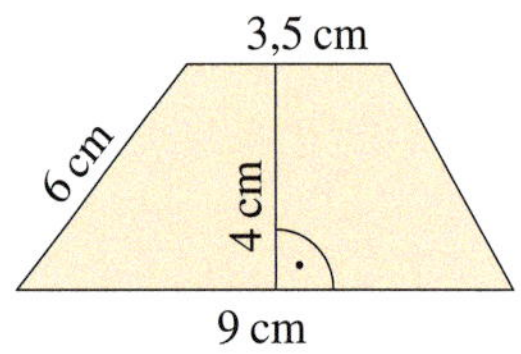

d) Dreieck

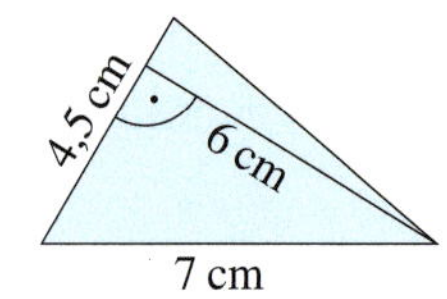

Flächeninhalt von Dreieck und Viereck ☐ ☐ ☐ ☐ /8

4 Bestimme die Umfänge und die Flächeninhalte der Figuren.

①
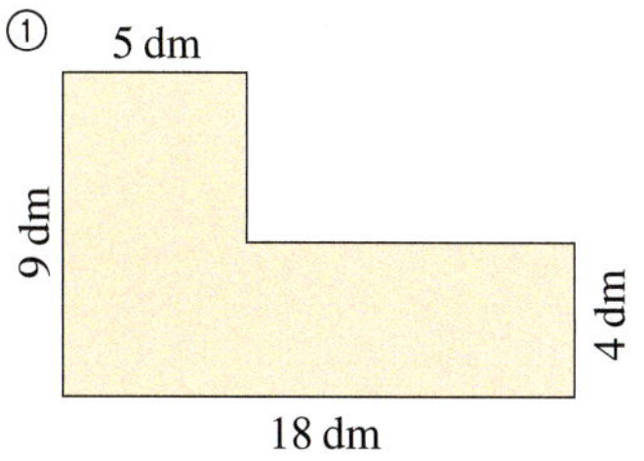

②
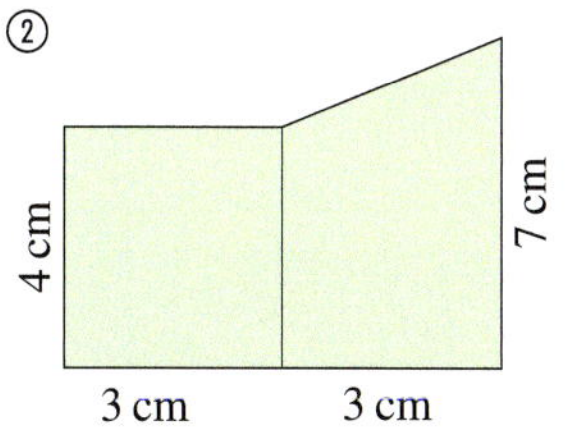

③
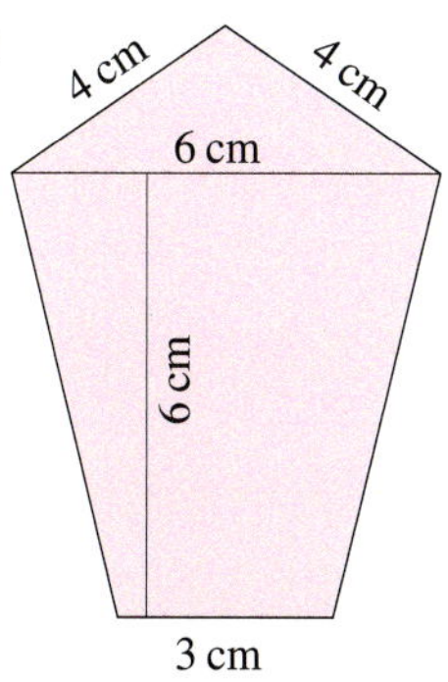

Umfang und Flächeninhalt zusammengesetzter Figuren

/12

5 Löse die Gleichung.

a) $8x - 7 = 8 + 3x$

b) $\frac{3}{4}x - 0{,}4 = \frac{1}{6}x + 6\frac{3}{5}$

c) $6x^2 - 3 = 4x^2 - 3$

d) $\frac{1}{2}x^2 - 4x + 12 = x^2 - 4x + 7{,}5$

Gleichungen lösen

/8

Solltest du bei Aufgaben noch weiteren Übungsbedarf haben, dann schau in der Ausgangsdiagnose nach, welches Angebot dir zu dem jeweiligen Thema zur Verfügung steht.

S. 8, 9 ←

Kreisumfang

	Aufgabe	w	f	Bemerkungen oder richtige Lösungen	Richtig gelöst? ✓
1	Für jeden Kreis ist das Verhältnis des Umfangs zu seinem Durchmesser konstant. Diese Konstante heißt Kreiszahl und wird mit dem griechischen Buchstaben π bezeichnet.				
	$\pi \approx 3{,}14$				
	Die Zahl π ist eine nicht abbrechende, nichtperiodische Dezimalzahl.				
	Die Zahl π ist eine rationale Zahl und lässt sich auch als Bruch darstellen.				
	Die Kreiszahl π			S. 16, Nr. 1, 2	←
2	Der Umfang u eines Kreises lässt sich mithilfe des Durchmessers d berechnen. Es gilt: $u = 2 \cdot \pi \cdot d$				
	Ein Kreis mit dem Radius $r = 5\,\text{cm}$ hat einen Umfang von ca. 31,4 cm.				
	Den Radius r eines Kreises bestimmt man bei Kenntnis des Umfangs u mit der Formel $r = \frac{2u}{\pi}$.				
	Die Zuordnung *Kreisradius* → *Kreisumfang* ist proportional.				
	Umfang des Kreises			S. 16, Nr. 3, 4, 5; S. 17, Nr. 6	←
3	Für die Länge eines Kreisbogens b mit Radius r und Mittelpunktswinkel α gilt: $b = \alpha \cdot \pi \cdot \frac{r}{180°}$.				
	Der Kreisbogen b eines Kreissektors mit dem Mittelpunktswinkel $\alpha = 60°$ und dem Radius $r = 5\,\text{cm}$ ist ca. 5 cm lang.				
	Sind von einem Kreissektor die Länge des Kreisbogens b und die Größe des Mittelpunktwinkels α bekannt, so lässt sich der Radius r wie folgt berechnen: $r = b \cdot \alpha \cdot \frac{\pi}{180°}$.				
	Verdoppelt man bei einem Kreissektor den Radius und den Mittelpunktswinkel, so verdoppelt sich auch die Länge des Kreisbogens.				
	Länge des Kreisbogens			S. 17, Nr. 7, 8, 9	←

geübt?

geübt?

geübt?

AUSGANGSDIAGNOSE

Zeichnung zu Aufgabe 4:

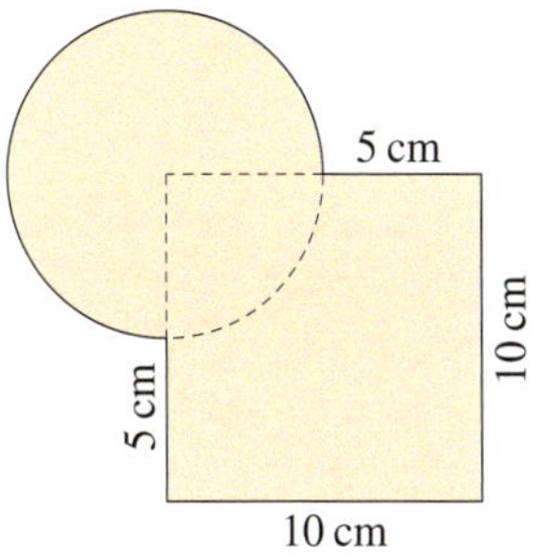

Zeichnung zu Aufgabe 5:

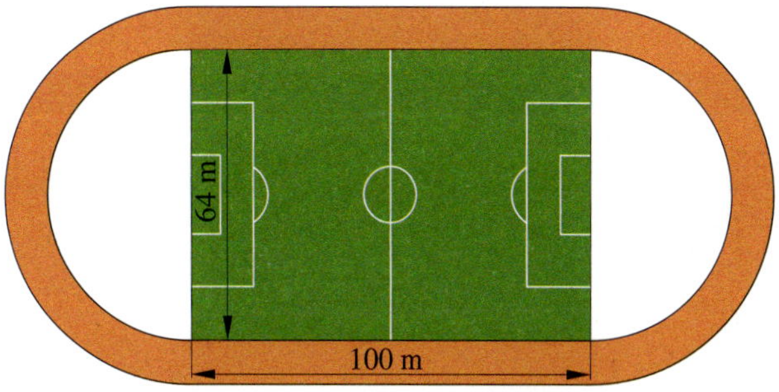

Aufgabe	w	f	Bemerkungen oder richtige Lösungen	Richtig gelöst? ✓
4 Der Umfang der Figur besteht aus zwei Strecken, die 5 cm lang sind, zwei Strecken, die 10 cm lang sind und dem Kreisbogen eines Kreissegments mit $r = 10$ cm und $\alpha = 75°$.				
Um den Umfang der Figur zu berechnen, kann man den Umfang des Quadrats und den Umfang des Vollkreises addieren und die Länge des gestrichelten Kreisbogens subtrahieren.				
Für den Umfang der Figur gilt: $u = 2 \cdot (5 + 10) + 0{,}75 \cdot 2 \cdot \pi \cdot 5$				
Die Figur hat ca. 53,56 cm Umfang.				

Umfänge zusammengesetzter Figuren S. 18, Nr. 10 ← geübt?

Aufgabe	w	f	Bemerkungen oder richtige Lösungen	Richtig gelöst? ✓
5 Die Fläche innerhalb der Laufbahn besteht aus zwei Halbkreisen und einem Rechteck. Der Umfang ergibt sich aus dem Umfang des Rechtecks und den Umfängen der beiden Halbkreise.				
Eine Runde auf der Innenbahn ist ca. 400 m lang.				
Bahn 3 hat einen Abstand von 2 m zu Bahn 1 (Innenbahn). Ein 400-m-Rennen ist gerecht, wenn der Läufer auf Bahn 3 einen Vorsprung von ca. 12 m erhält.				

Anwendungsaufgaben S. 18, Nr. 11 ← geübt?

Hast du alles richtig gemacht bzw. hast du entsprechend geübt, solltest du auf jeden Fall auch komplexe Aufgaben lösen, bevor du dich dem nächsten Thema widmest.

S. 19, Nr. 12, 13 ← geübt?

Kreisumfang

Basisaufgaben

Die Kreiszahl π

1 Ergänze den folgenden Lückentext. Zur Auswahl stehen: $\frac{22}{7}$; $\frac{23}{8}$; α, Bruch, Durchmesser, Kreiszahl, nicht abbrechende, nicht periodische, π, rationale, Umfangs.

Für jeden Kreis ist das Verhältnis des ____________ zu seinem ____________ konstant.

Diese Konstante heißt ____________ und wird mit dem griechischen Buchstaben ______ bezeichnet.

Die Zahl π ist eine ____________, ____________ Dezimalzahl. Sie ist keine

____________ Zahl und lässt sich nicht als ____________ darstellen. Von Handwerkern wird π oftmals durch

den Bruch ______ angenähert.

2 Welche Näherungswerte für π sind korrekt? Kreise richtig gerundete Werte ein und streiche falsch gerundete Werte durch.

3,14 3,1415 3,141 3,15 3,2

3,1416 3,142 3,1

Umfang des Kreises

3 Ergänze die folgende Tabelle für Kreise.

r	4 cm	3,2 m				
d			8 mm	1,3 dm		
u					351,8 m	1 m

4 Ein Saftglas ist 12 cm hoch und hat eine Zylinderform mit dem Radius 2,9 cm. Was ist größer, die Höhe oder der Umfang des Glases?

5 Die Erde besitzt am Äquator einen Umfang von 40 074 km, die Sonne hat einen Durchmesser von 1 392 000 km.

a) Berechne den Radius der Erde und den Umfang der Sonne.

b) Für ein Modell der Erde wird eine Styroporkugel mit einem Durchmesser von 5 cm gewählt. Welchen Durchmesser müsste das maßstabsgerechte Modell der Sonne besitzen?

6 Ein Wahrzeichen der Stadt Leverkusen ist das Bayerkreuz. Die Masten, an denen das Bayerkreuz befestigt ist, sind 120 m hoch. Der äußere Kranz um das Buchstabenkreuz hat 51 m Durchmesser. Diesen Kranz bringen 500 Leuchten zum Strahlen.

a) Berechne den Umfang des Kranzes.

b) In welchem Abstand sind die Lampen am Kranz angebracht, wenn wir davon ausgehen, dass sie auf einer Kreislinie nebeneinander angeordnet sind?

c) Wie viele Lampen sind insgesamt am Bayerkreuz angebracht? Schätze und begründe deinen Schätzwert.

Länge des Kreisbogens

7 Berechne die Bogenlänge des Kreisausschnittes mit dem Radius r und dem Mittelpunktswinkel α.

a) $r = 4\,\text{cm};\ \alpha = 180°$ b) $r = 5\,\text{m};\ \alpha = 90°$ c)

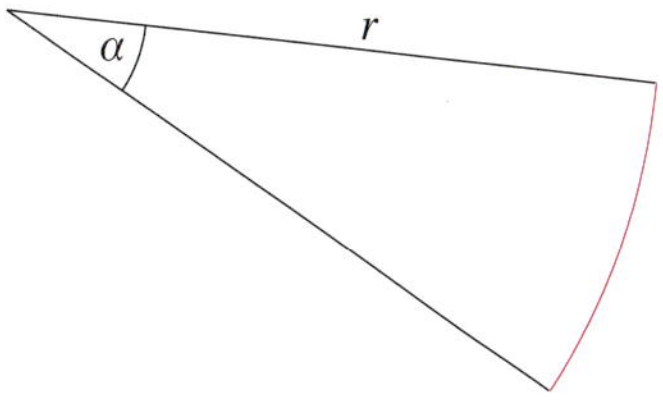

8 Welche Kreisausschnitte haben die gleiche Bogenlänge? Färbe Kreissegmente mit gleicher Länge des Kreisbogens mit der gleichen Farbe ein.

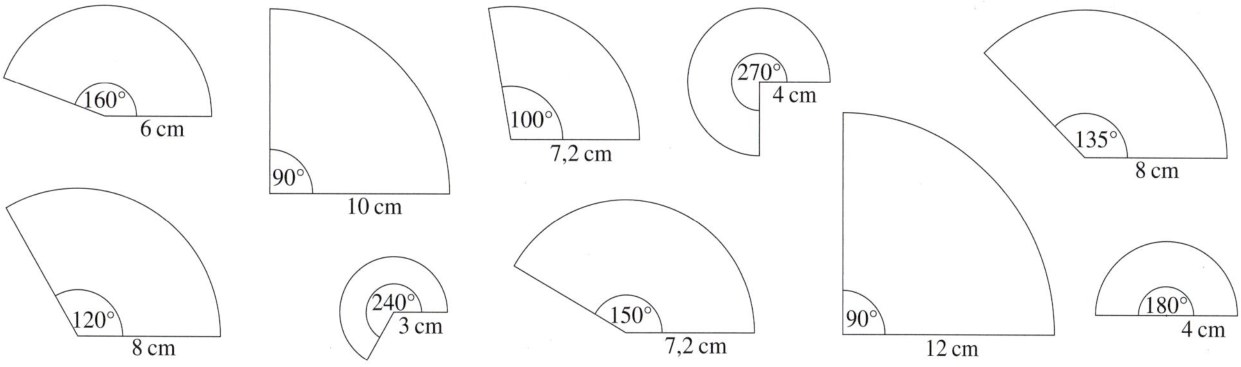

9 Berechne die fehlenden Größen für Kreisausschnitte.

r	5 cm			7 cm		
d		3 dm	5,1 km		75 m	
α	60°	45°	310°			75°
b				15,3 cm	157,1 m	1 km

Umfänge zusammengesetzter Figuren

10 Berechne den Umfang der Figur.

a)

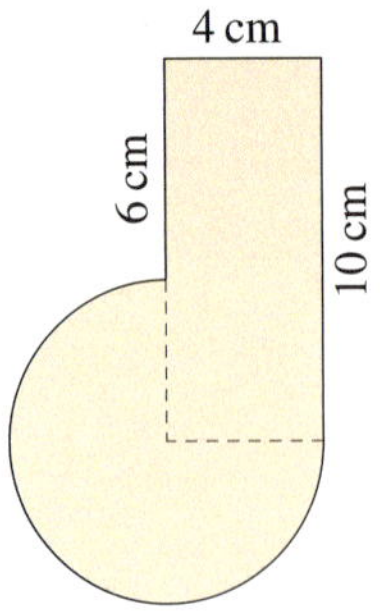

b)

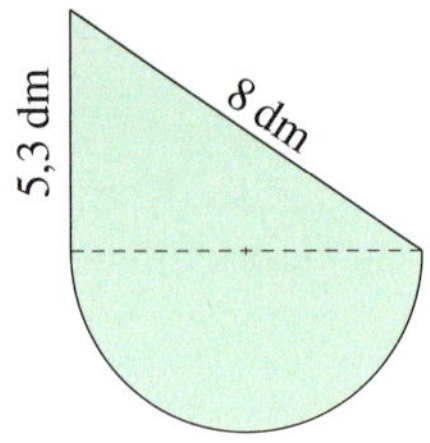

c)

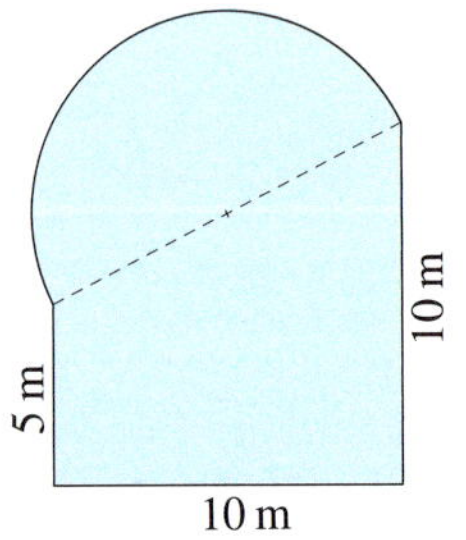

d)

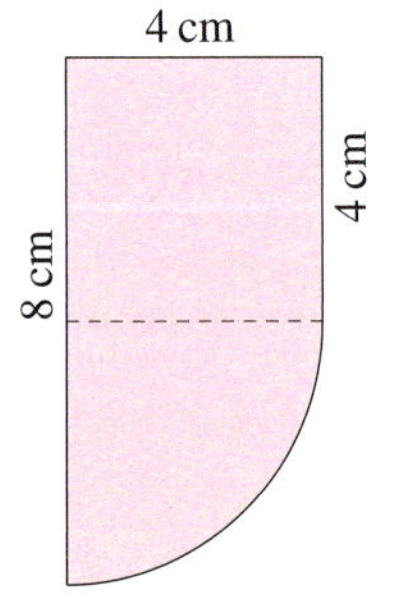

Anwendungsaufgaben

11 Eine Radrennbahn besteht aus zwei Geraden und zwei 180°-Kurven. Die Länge von Radrennbahnen muss so gewählt werden, dass eine bestimmte Zahl ganzer oder zumindest halber Runden jeweils 1000 m ergeben. Der Durchmesser der Kurven muss mindestens 16,5 m betragen, die Mindestbreite beträgt 5 m.

a) Die Radrennbahn in Stuttgart ist 285,71 m lang. Erfüllt diese Bahn die genannten Bedingungen? Begründe.

b) Wie lang sind die Geraden auf der Stuttgarter Radrennbahn, wenn für die Kurven der Mindestdurchmesser von 16,5 m gewählt wurde?

c) Welche Strecke legt ein Radfahrer zurück, wenn er eine Runde in einem Abstand von 5 m zur Ideallinie fährt? Gehe bei der Berechnung von den in Aufgabenteil b) angegebenen bzw. berechneten Längen aus.

Komplexe Aufgaben

12 Für Berlin wurde der Bau des größten Riesenrads der Welt geplant. Für das Rad wurde ein Durchmesser von 175 m vorgesehen. 28 verglaste Gondeln zu jeweils 40 Passagieren wurden konzipiert. Eine Umrundung wurde mit 35 Minuten und einem Fahrpreis von 11 € kalkuliert.

a) Welcher Umfang ergibt sich für das Rad?

b) Bestimme den Abstand von zwei Gondelbefestigungen auf dem Radbogen.

c) Welche Geschwindigkeit ergibt sich für die Gondeln bei den Umdrehungen?

d) Es wurde eingeschätzt, dass mit dem Fahrpreis jährlich mehr als 20 Mio. € Einnahmen möglich wären. Was meinst du dazu?

13 Jede Seite des rechtwinkligen Dreiecks ist Durchmesser eines Halbkreises.

a) Berechne die Länge der Hypotenuse des Dreiecks.

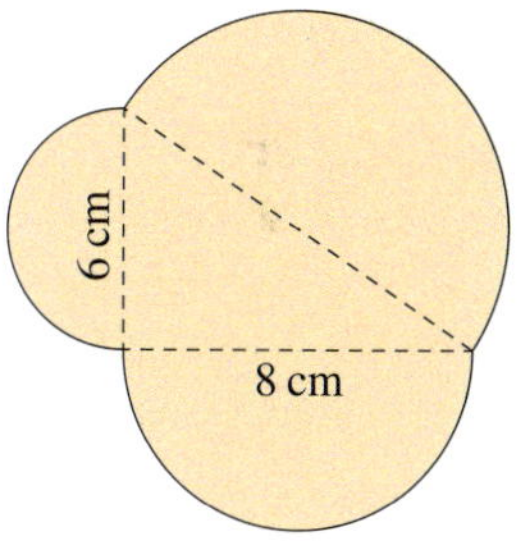

b) Bestimme den Umfang der durch die Halbkreise begrenzten Figur.

c) Birte behauptet: „Um den Umfang der Figur zu bestimmen, kann ich den Umfang des Dreiecks mit Pi multiplizieren. Das Ergebnis muss dann nur noch halbiert werden.“
Ist Birtes Aussage richtig? Begründe deine Meinung.

Kreisumfang

Kreuze gleich nach der Fertigstellung der Aufgabe an, wie du mit der Lösung der Aufgabe zurechtgekommen bist.
Trage später nach dem Vergleich mit den Lösungen ein, wie viele Aufgaben du richtig gelöst hast.

1 Welche Aussagen treffen auf die Kreiszahl π zu? Korrigiere die falschen Aussagen.

① π ist eine abbrechende Dezimalzahl. ______________________

② π ist kleiner als 3,2 und größer als 3,1. ______________________

③ π ist das konstante Verhältnis von u zu r, also $\pi = \frac{u}{r}$. ______________________

Die Kreiszahl π — /3

2 Ergänze die Tabelle für Kreise.

r	8 cm	3,4 mm					
d			28 m	$\frac{3}{4}$ dm	1,1 km		
u						62,8 m	2,2 km

Umfang des Kreises — /7

3 Handwerker benutzen zur Berechnung des Umfangs die Formel: Umfang = Durchmesser mal 3 plus 5 %.
Hat beispielsweise ein Kreis einen Durchmesser von 10 m, so berechnet ihn der Handwerker so: $10 \cdot 3 = 30$ [m];
5 % von 30 m sind 1,5 m. Also hat der Kreis einen Umfang von ungefähr 30 m + 1,5 m = 31,5 m.
Ergänze die folgende Tabelle und begründe, ob die „Handwerkerformel" brauchbar ist.

d	1 m	5 m	10 m	20 m
u mit „Handwerkerformel"			31,5 m	
u mit Kreisformel			≈ 31,4 m	
Differenz absolut			≈ 0,1 m	
Differenz in Prozent			≈ 0,3 %	

Die „Handwerkerformel" ist

______________________, denn

____

____

____

Umfang des Kreises — /8

4 Ergänze die Tabelle für Kreisausschnitte.

r	2,5 cm		7 mm		
d		18,3 m		18,4 m	
α	315°	42°			5°
b			3 cm	214 dm	7,6 m

Länge des Kreisbogens — /5

5 Bestimme die Länge des Bogens im Quadrat.

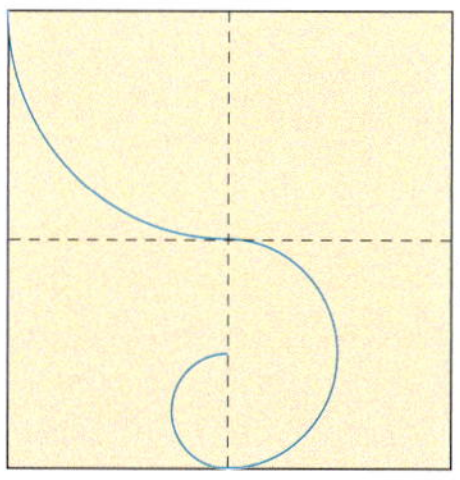

Länge des Kreisbogens | /4

6 Bestimme den Umfang der Figur.

a)

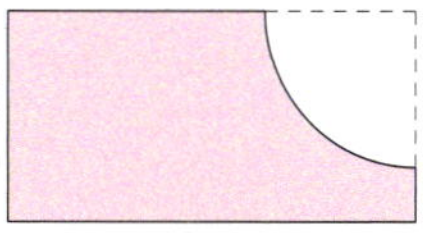

b)

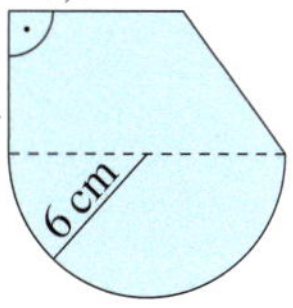

Umfänge zusammengesetzter Flächen | /6

7 Ein Grundstück besteht aus einem Rechteck mit den Maßen 15 m und 24 m, bei dem an einer kürzeren Seite ein Halbkreis anschließt.

a) Fertige in dem eingerahmten Bereich eine Zeichnung im Maßstab 1 : 600 an.

b) Welcher Umfang ergibt sich für dieses Grundstück?

c) Im Abstand von höchstens 5 m muss aus Stabilitätsgründen ein Zaunpfahl gesetzt werden. Ein Zaunpfahl muss an jeder Ecke des rechteckigen Grundstückteils stehen. Die Abstände der Zaunpfähle sollen so weit wie möglich gleich eingerichtet werden. Wie viele Zaunpfähle sind mindestens nötig?

Anwendungsaufgaben | /8

Solltest du bei Aufgaben noch weiteren Übungsbedarf haben, dann schau in der Ausgangsdiagnose nach, welches Angebot dir zu dem jeweiligen Thema zur Verfügung steht.

S. 14, 15 ←

Flächeninhalte bei Kreisen

	Aufgabe	w	f	Bemerkungen oder richtige Lösungen	Richtig gelöst? ✓
1	Den Flächeninhalt A eines Kreises bestimmt man bei Kenntnis des Radius r mit der Formel $A = 2\pi r$.				
	Ein Kreis mit 10 cm Durchmesser hat ca. 314,2 cm² Flächeninhalt.				
	Die Zuordnung *Kreisradius → Flächeninhalt des Kreises* ist proportional.				
	Ist der Flächeninhalt eines Kreises bekannt, so bestimmt man den Radius, indem man die Maßzahl des Flächeninhalts durch π teilt und aus dem Wert des Quotienten die Wurzel zieht.				
	Der Flächeninhalt eines Kreises ist stets ungefähr $\frac{3}{4}$ des Flächeninhalts eines Quadrats, dessen Seitenlänge dem Durchmesser des Kreises entspricht.				
	Flächeninhalt des Kreises			S. 24, Nr. 1, 2, 3, 4	←
2	Für den Flächeninhalt des Kreissegmentes mit dem Radius r und dem Mittelpunktswinkel α gilt $A = \frac{\alpha}{360°} \cdot \pi \cdot r^2$.				
	Der Flächeninhalt eines Kreissegmentes mit dem Radius $r = 5\,\text{cm}$ und dem Mittelpunktswinkel $\alpha = 120°$ beträgt ca. 26,2 cm².				
	Verdoppelt man bei einem Kreissegment den Radius und den Mittelpunktswinkel, so vervierfacht sich der Flächeninhalt.				
	Hat ein Kreissegment 87,3 cm² Flächeninhalt und einen Radius von 10 cm, so berechnet man den Mittelpunktswinkel α so: $\alpha = 87,3 \cdot \pi \cdot \frac{10^2}{360°}$				
	Sind Flächeninhalt und Mittelpunktswinkel α eines Kreissegmentes gegeben, so bestimmt man den Radius des Kreises, indem man die Maßzahl des Flächeninhalts mit $\frac{\alpha}{360°}$ multipliziert, das Ergebnis durch π teilt und schließlich die Wurzel aus dem Wert des Quotienten zieht.				
	Halbiert man bei einem Kreissegment den Radius, so muss man den Mittelpunktswinkel α verdoppeln, damit der Flächeninhalt gleich bleibt.				
	Flächeninhalt des Kreissegmentes			S. 25, Nr. 5, 6, 7, 8	←

geübt?

geübt?

AUSGANGSDIAGNOSE

Zeichnung zu Aufgabe 3:

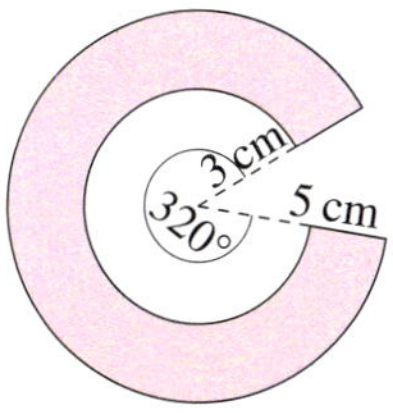

Zeichnung zu Aufgabe 4:

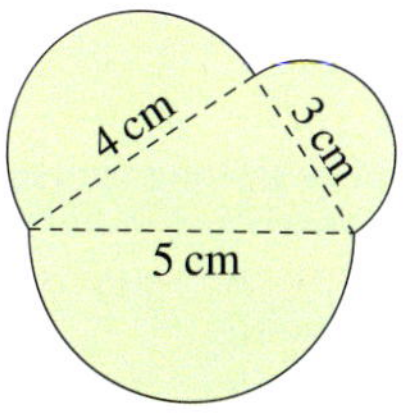

	Aufgabe	w	f	Bemerkungen oder richtige Lösungen	Richtig gelöst? ✓
3	Um den Flächeninhalt eines Kreisrings zu bestimmen, muss der Radius des Innen- und des Außenkreises bekannt oder berechenbar sein.				
	Der Flächeninhalt eines Kreisrings lässt sich mit der Formel $A = \pi\,(r_a - r_i)^2$ berechnen. Dabei ist r_a der Radius des Außenkreises und r_i der Radius des Innenkreises.				
	Ein Kreisring mit $r_i = 3\,\text{cm}$ und $r_a = 5\,\text{cm}$ hat einen kleineren Flächeninhalt als ein Kreisring mit $r_i = 4\,\text{cm}$ und $r_a = 5\,\text{cm}$.				
	Der Flächeninhalt der gegebenen Figur kann wie folgt berechnet werden. $A = \frac{320}{360}\pi \cdot 5^2 - 3^2\,\text{cm}^2$				
	Flächeninhalt des Kreisrings			S. 26, Nr. 9, 10, 11, 12	←
4	Um den Flächeninhalt zusammengesetzter Figuren zu bestimmen, zerlegt man sie in bekannte Figuren, berechnet deren Flächeninhalte und addiert diese.				
	Die gegebene Figur besteht aus einem rechtwinkligen Dreieck und drei Halbkreisen.				
	Den Flächeninhalt der gegebenen Figur erhält man durch Addition der Flächeninhalte der drei Halbkreise und Subtraktion des Flächeninhalts des Dreiecks, weil es von den Halbreisen eingeschlossen ist.				
	Die gegebene Figur hat ca. $25{,}6\,\text{cm}^2$ Flächeninhalt.				
	Flächeninhalte zusammengesetzter Flächen			S. 27, Nr. 13, 14	←

geübt?

geübt?

Hast du alles richtig gemacht bzw. hast du entsprechend geübt, solltest du auf jeden Fall auch komplexe Aufgaben lösen, bevor du dich dem nächsten Thema widmest.

S. 27, Nr. 15 ←

geübt?

Basisaufgaben

Flächeninhalt des Kreises

1 Ergänze die Tabelle.

r	9 mm	3,4 cm				
d			7 dm	11,3 m		
A					907,9 cm^2	1 ha

2 Es sollen drei Kreise gezeichnet werden, deren Flächeninhalte ① 12,6 cm^2, ② 2800 mm^2 und ③ 0,5 dm^2 betragen sollen.

a) Welche Zirkelspanne muss jeweils eingestellt werden?

b) Reicht eine Streifenbreite von 7 cm zum Zeichnen aller Kreise?

3 Die Pizzeria „Elio" verkauft ihre Pizzas in drei verschiedenen Größen.

Durchmesser	26 cm	30 cm	32 cm
Margherita	3 €	4 €	5 €
Hawaii	4 €	5 €	6 €
Elio	5 €	6 €	7 €

a) Welche Zuordnung sollte man untersuchen, um den Preis der Pizzas vergleichen zu können? Kreuze an.

☐ *Radius → Preis*; ☐ *Durchmesser → Preis*; ☐ *Umfang → Preis*; ☐ *Flächeninhalt → Preis*

b) Welche Pizza ist bei den einzelnen Sorten die jeweils preisgünstigste? Begründe durch Rechnung.

4 Ein Kreis hat 1 km Umfang. Berechne seine Fläche. Ein anderer Kreis hat eine Fläche von 1 km^2. Berechne seinen Umfang.

Flächeninhalt des Kreissegmentes

5 Welche Kreissegmente haben annähernd den gleichen Flächeninhalt? Färbe Kreissegmente mit gleichem Flächeninhalt mit der gleichen Farbe ein.

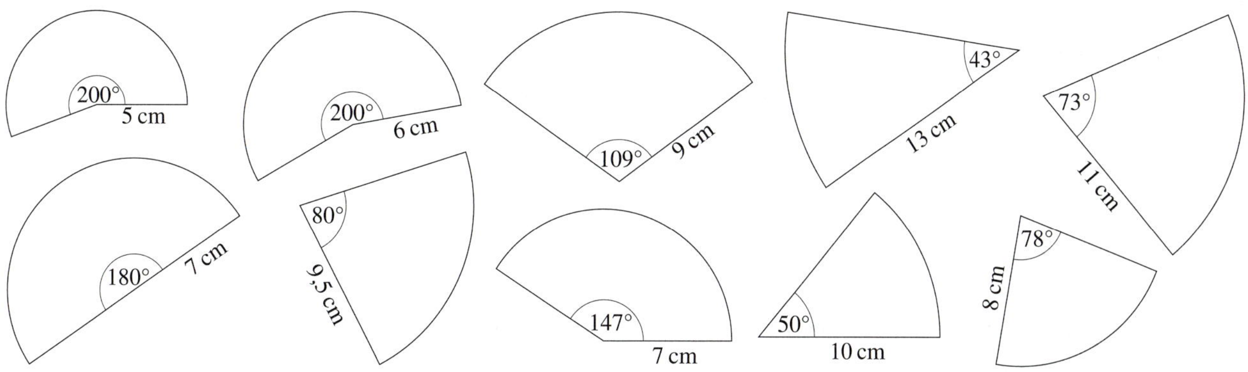

6 Zeichne im vorgegebenen Bereich zwei unterschiedliche Kreissegmente mit $20\,\text{cm}^2$ Flächeninhalt, wobei im ersten Fall der Mittelpunktswinkel $\alpha < 90°$ und im zweiten Fall $\alpha > 180°$ betragen soll.

7 Berechne die fehlenden Größen für Kreisausschnitte.

r	7 cm	3,1 mm			12 cm	
d			2 dm	13,4 km		
α	50°	45°	217°	12°		218°
A					$157{,}1\,\text{cm}^2$	$1189\,\text{m}^2$

8 Ordne die Kreissegmente nach der Größe ihrer Fläche.

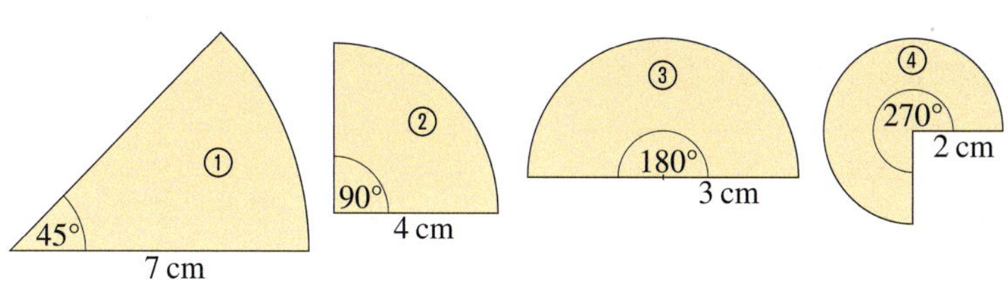

____ < ____ < ____ < ____

Flächeninhalt des Kreisrings

9 Berechne den Flächeninhalt des Kreisrings.

a) $r_i = 5\,\text{cm}$; $r_a = 6\,\text{cm}$ **b)** $r_i = 9\,\text{m}$; $r_a = 12{,}5\,\text{m}$ **c)** $r_a = 1{,}2\,\text{dm}$; $r_i = 8{,}1\,\text{cm}$ **d)** $r_i = 380\,\text{m}$; $r_a = 1{,}1\,\text{km}$

10 Berechne die Flächeninhalte der Kreisringe. Entnimm den Zeichnungen die nötigen Längen.

①

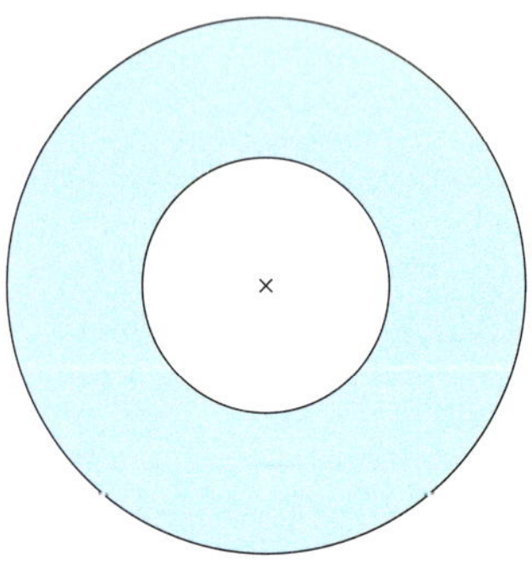

②

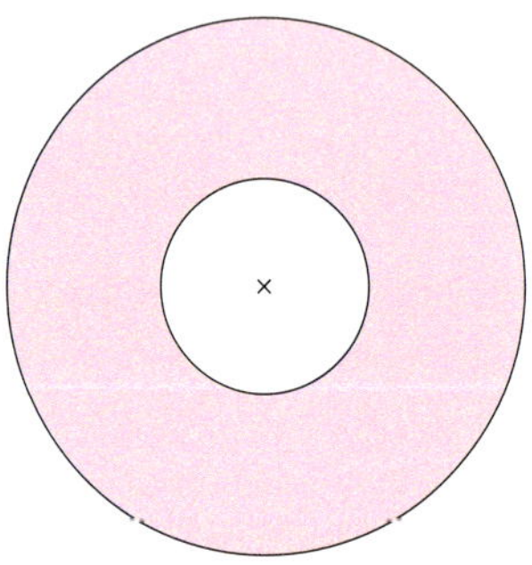

③

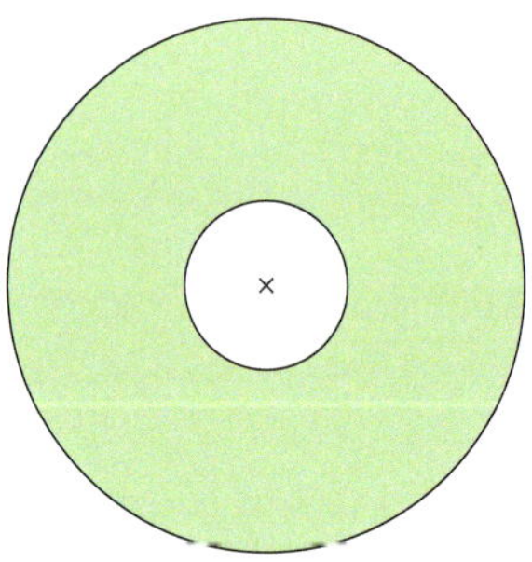

11 Berechne die fehlenden Größen für Kreisringe.

r_i	3,2 cm	2 cm		175 mm		50 m
r_a	4,7 cm		7 dm	2 dm	3 m	
A		188,5 cm²	146,9 dm²		1809,6 dm²	1 ha

12 Berechne die Flächeninhalte der gegebenen Flächen.

①

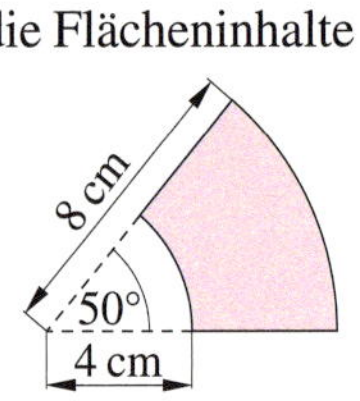

②

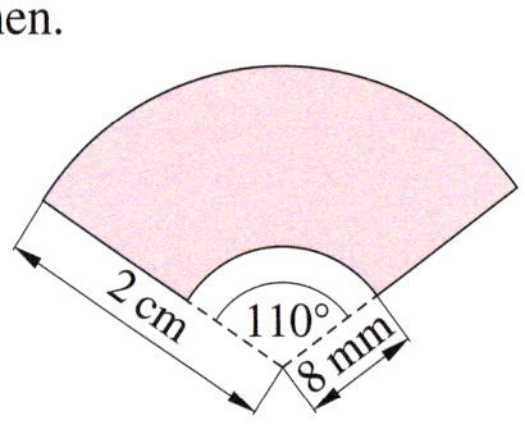

③

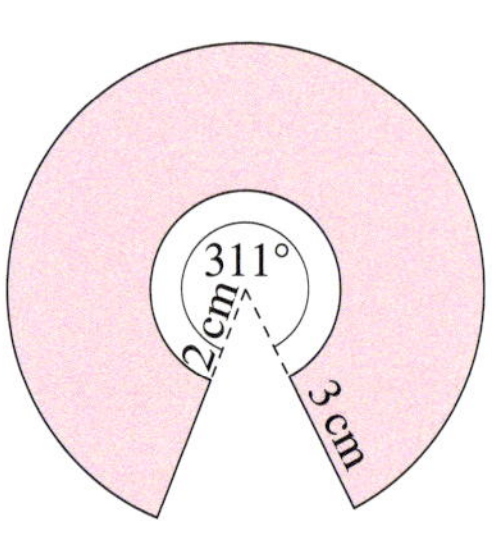

Flächeninhalte zusammengesetzter Figuren

13 Berechne die Flächeninhalte der Figuren. Das hinterlegte Raster verdeutlicht die Rechtwinkligkeit bzw. Parallelität entsprechender Linien.

①
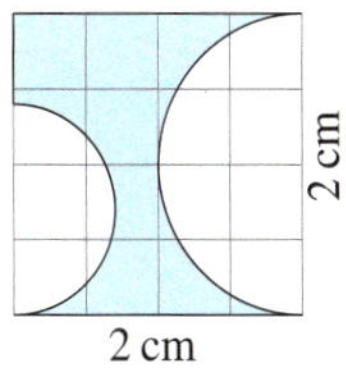

②
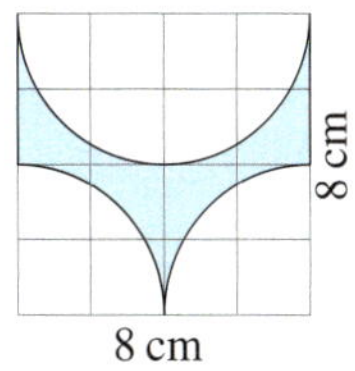

③
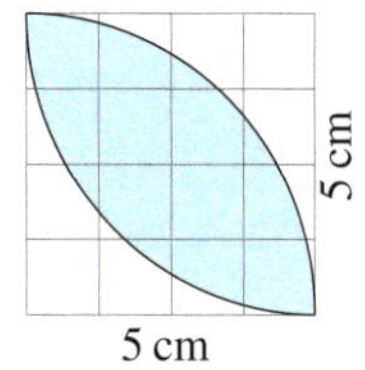

④
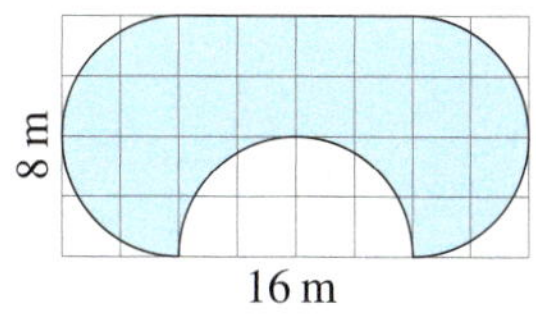

14 Wie viel m^2 nimmt die Wasseroberfläche des Pools ein? Die Skizze zeigt eine Draufsicht. Eine Kästchenlänge entspricht in der Wirklichkeit 4 m. Die „Badeinsel" hat 3 m Durchmesser.

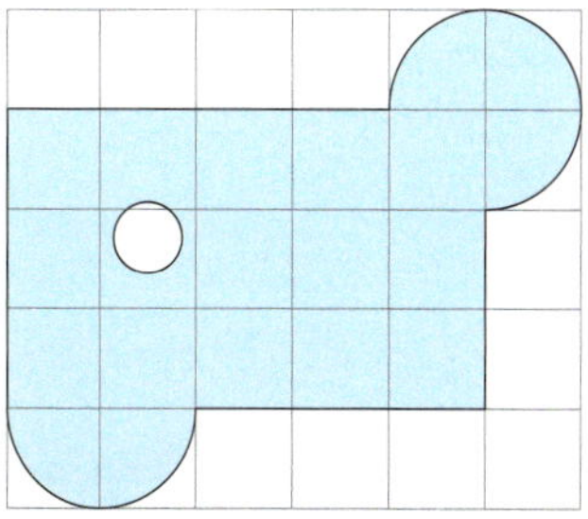

Komplexe Aufgaben

15 Der Umfang eines Fußballs beträgt laut Regelwerk mindestens 68 cm und höchstens 70 cm.

a) Berechne mögliche Durchmesser regelgerechter Fußbälle.

b) Im Jahr 2005 wurde das 68 m × 105 m große Spielfeld eines Stadions aus Werbezwecken mit Bällen vollständig ausgelegt. Wie viele Bälle wurden für diese Aktion benötigt?

c) Wie groß ist nach b) die Fläche, die von den Bällen verdeckt wird, wenn man von oben auf das Spielfeld schaut?

d) Wie groß ist die Fläche, die von oben betrachtet zwischen vier Bällen noch sichtbar ist?

Flächeninhalte bei Kreisen

Kreuze gleich nach der Fertigstellung der Aufgabe an, wie du mit der Lösung der Aufgabe zurechtgekommen bist.
Trage später nach dem Vergleich mit den Lösungen ein, wie viele Aufgaben du richtig gelöst hast.

1 Ergänze die Tabelle für Kreise.

r	12 m					
d		8 mm	3,7 dm			
A				3631,7 cm^2	4,91 m^2	
u						238,8 m

Flächeninhalt des Kreises ☹ 😐 🙂 😀 /18

2 Berechne die fehlenden Größen für Kreisausschnitte.

r	3,6 cm		7 mm			3 dm	
d		$\frac{3}{4}$ m		2,7 km			
α	80°	312°			217°		327°
b						14,4 dm	47,9 cm
A			32,9 mm^2	3 km^2	1820 cm^2		

Flächeninhalt des Kreissegmentes ☹ 😐 🙂 😀 /21

3 Ein Kreissegment hat den Radius $r = 8$ cm und den Mittelpunktswinkel $\alpha = 240°$.

a) Berechne den Flächeninhalt des Kreissegments.

b) Wie muss der Mittelpunktswinkel verändert werden, damit bei doppelt so langem Radius der Flächeninhalt des Kreissegments unverändert bleibt.

c) Wie muss sich der Radius verändern, wenn der Mittelpunktswinkel halbiert wird und der Flächeninhalt des Kreissegments unverändert bleiben soll.

d) Wie verändert sich der Flächeninhalt, wenn man den Mittelpunktswinkel verdoppelt und den Radius halbiert?

Flächeninhalt des Kreissegmentes ☹ 😐 🙂 😀 /7

4 Aus drei Kreisflächen mit dem gleichen Mittelpunkt werden drei Pflanzbereiche erzeugt, eine innere Rasenfläche und zwei „Ringbeete“. Die Radien betragen 5 m, 7 m und 8 m.

a) Welche Größe hat jeder Pflanzbereich?

b) Das innere „Ringbeet“ soll mit Blühpflanzen gestaltet werden. Pro m² benötigt der Gärtner 20 Pflanzen. Wie viele Pflanzen müssen bestellt werden?

c) Für die Rasensaat im inneren Kreisbereich sind pro m² jeweils 50 g Dünger und 20 g Rasensamen nötig. Wie viel wird jeweils dafür benötigt?

Flächeninhalt des Kreisrings | /6

5 Berechne die Flächeninhalte der Figuren. Das hinterlegte Raster verdeutlicht die Rechtwinkligkeit bzw. Parallelität entsprechender Linien.

①
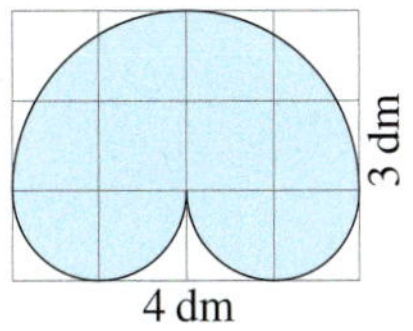

②
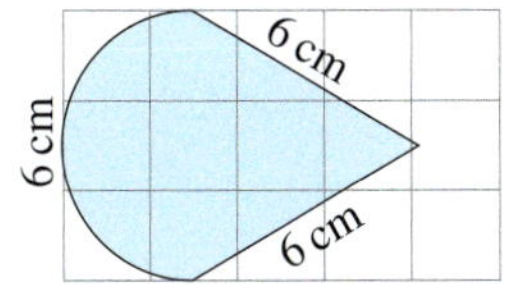

③
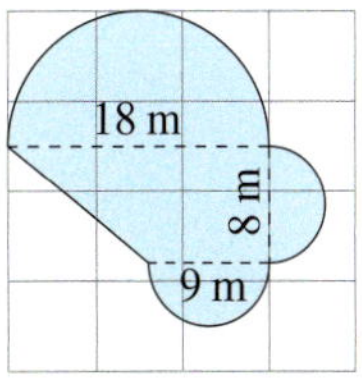

④
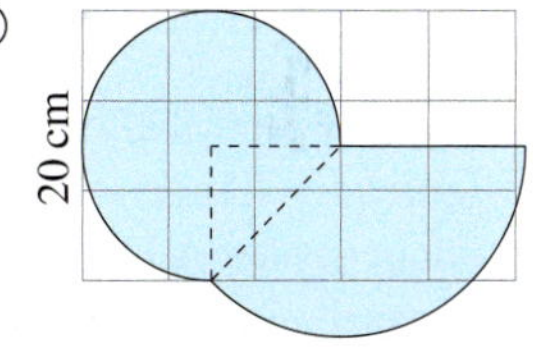

Flächeninhalte zusammengesetzter Flächen | /6

Solltest du bei Aufgaben noch weiteren Übungsbedarf haben, dann schau in der Ausgangsdiagnose nach, welches Angebot dir zu dem jeweiligen Thema zur Verfügung steht.

S. 22, 23 ←

Mäandrierende Flüsse und die Kreiszahl π

„Hans-Hendrik Stolum, ein Geologe an der Universität Cambridge, hat das Verhältnis zwischen der Gesamtlänge von Flüssen und der direkten Entfernung von Quelle und Mündung berechnet. Dieses Verhältnis ist zwar je nach Fluss verschieden, der Mittelwert ist jedoch etwas größer als drei, das heißt, die tatsächliche Flusslänge ist dreimal so groß wie die Luftlinie. Tatsächlich beträgt das Verhältnis etwa 3,14 und entspricht damit einem Wert in der Nähe von π, dem Verhältnis des Umfangs eines Kreises zu seinem Durchmesser."
(aus Simon Singh: Fermats letzter Satz. S. 40)

a) Ergänze die folgende Abbildung um drei weitere Halbkreise. Berechne die Länge der gesamten Linie. Miss die Entfernung zwischen Anfangs- und Endpunkt und bestimme in der Reihenfolge der ermittelten Werte deren Verhältnis.

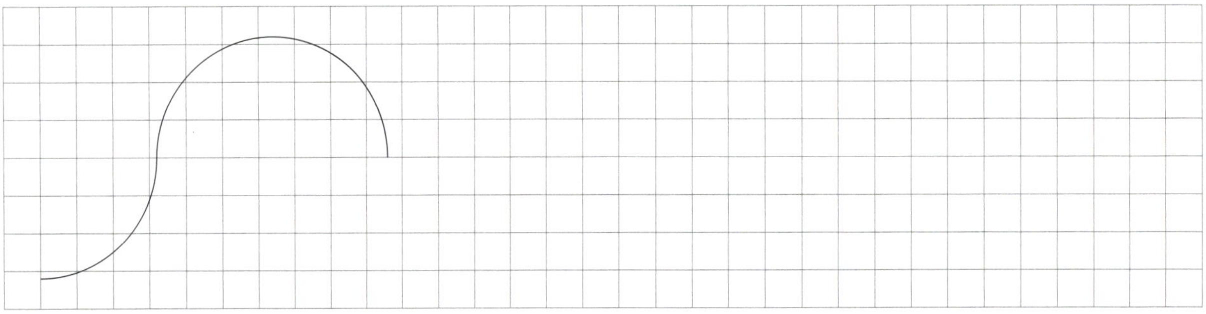

Länge der Linie: ______________ Abstand von Anfangs- zum Endpunkt: ______________

Verhältnis von Linienlänge und Abstand von Anfangs- und Endpunkt: ______________

b) Ergänze die Tabelle. Recherchiere die fehlenden Längen im Internet, in Fachbüchern oder Atlanten. Ergänze in den Leerzeilen drei Flüsse deiner Wahl.

Fluss	Flusslänge	Entfernung (Luftlinie) Quelle – Mündung	Quotient
Rhein	1230 km		
Nil		2120 km	
Amazonas			
Summe			

Kannst Du die Untersuchungsergebnisse von Hans-Hendrik Stolum stützen? Begründe.

____

____

____

Abschätzen von Flächen

Der Ladogasee im Nordwesten Russlands ist der größte See Europas.
Die Entfernung zwischen St. Petersburg und Nowgorod beträgt ca. 165 km (Luftlinie). Bestimme den Maßstab der Karte und schätze die Größe des Sees ab. Beschreibe dein Vorgehen.

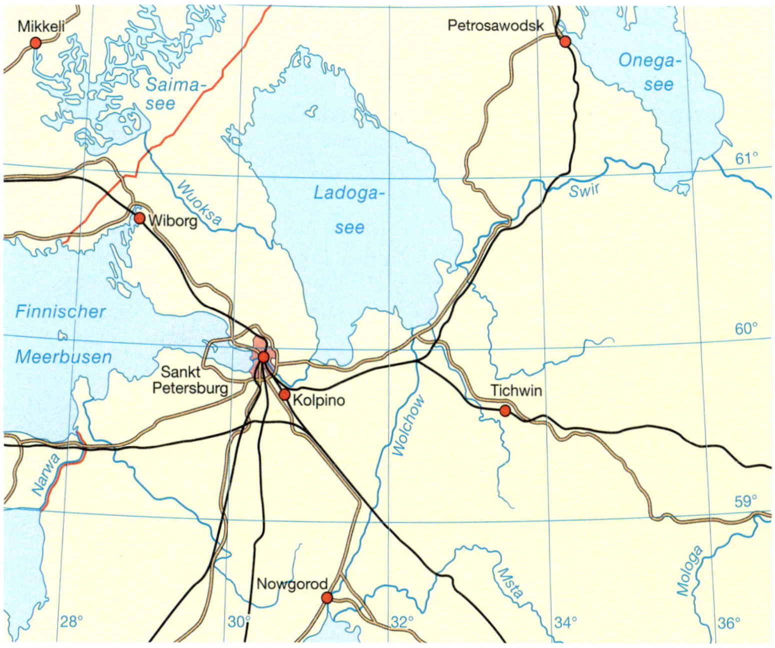

Rund ums Fahrrad

Die Größe eines Fahrradreifens wird meistens in Zoll angegeben. Ein Zoll entspricht 2,54 cm.

a) Bestimme die folgenden Raddurchmesser in m.

12-Zoll-Rad

18-Zoll-Rad

26-Zoll-Rad

b) Die Tour de France ist das bedeutendste Radrennen der Welt. 2009 hatten die Radfahrer eine Strecke von 3460 km zurückzulegen. Wie viele Umdrehungen macht ein 28-Zoll-Rad auf dieser Strecke?

c) Der Sieger der Tour 2009 Alberto Contador benötigte für die gesamte Strecke von 3460 km insgesamt 85 h, 48 min und 35 s. Bestimme daraus die Durchschnittsgeschwindigkeit.

Berechnungen am Kreis

Kreuze gleich nach der Fertigstellung an, wie du mit der Lösung der Aufgabe zurechtgekommen bist.
Trage nach dem Vergleich mit den Lösungen ein, wie viele Aufgaben du richtig gelöst hast.

1 Das Foto zeigt ein Feld eines „verrückten Hüpfspiels“

a) Ist die Aussage des Bildes korrekt? Begründe.

b) Kreuze an, wenn π auf dem Zahlenstrahl jeweils zwischen den zwei links und rechts vom Kästchen stehenden Zahlen liegen kann.

3,14 ☐ $3{,}1\overline{4}$ ☐ $3{,}\overline{14}$ ☐ 3,15 ☐ $3\frac{1}{7}$

Die Kreiszahl π — ☹ 😐 🙂 😀 — /6

2 Bestimme den Umfang des Kreises.

a) $r = 7\,\text{cm}$ b) $d = 9{,}4\,\text{dm}$ c) $r = 3\frac{5}{6}\,\text{mm}$ d) $d = 1\frac{1}{3}\,\text{km}$

Umfang des Kreises — ☹ 😐 🙂 😀 — /4

3 In einer Internet-Enzyklopädie wird behauptet: Gran Canaria ist eine annähernd kreisförmige Insel mit einem Durchmesser von etwa 50 km und einer Küstenlänge von rund 236 km. Ist das möglich? Begründe mithilfe einer Rechnung.

Umfang des Kreises — ☹ 😐 🙂 😀 — /2

4 Berechne die Bogenlänge des Kreisausschnitts mit dem Radius r und dem Mittelpunktswinkel α.

a) $r = 7\,\text{cm};\quad \alpha = 135°$ b) $r = 15\,\text{m};\quad \alpha = 75°$ c) $r = 37{,}5\,\text{m};\quad \alpha = 36°$

d) $r = 58\,\text{mm};\quad \alpha = 190°$ e) $r = 0{,}83\,\text{km};\quad \alpha = 20°$ f) $r = 0{,}025\,\text{m};\quad \alpha = 273°$

Länge des Kreisbogens — ☹ 😐 🙂 😀 — /6

5 Berechne den Umfang der zusammengesetzten Figur.

a) 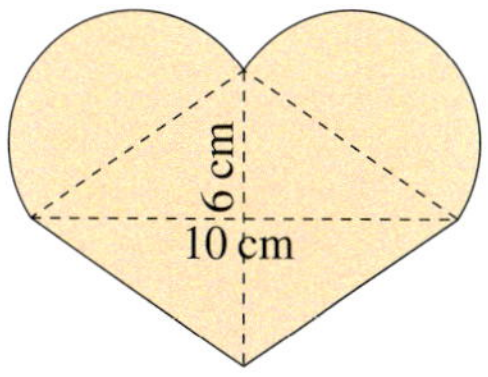

(Teilform Raute)

b) 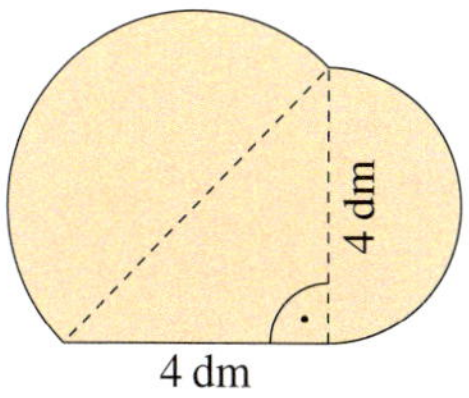

Umfänge zusammengesetzter Flächen — /6

6 Bestimme den Flächeninhalt des Kreises.

a) $r = 3\frac{1}{2}\,\text{m}$ b) $d = 411\,\text{m}$ c) $r = 2\frac{7}{12}\,\text{dm}$ d) $d = 8\frac{3}{5}\,\text{cm}$

Flächeninhalt des Kreises — /4

7 Die annähernd kreisförmige Insel Nigehörn liegt im Nationalpark Hamburgisches Wattenmeer und ist unbewohnt. Sie ist eine künstlich geschaffene Insel und hatte bei der Aufschüttung 1989 eine Größe von 30 ha. Bestimme den Durchmesser der Insel zum Zeitpunkt der Aufschüttung.

Flächeninhalt des Kreises — /2

8 Welche der folgenden Kreissegmente haben annähernd den gleichen Flächeninhalt?

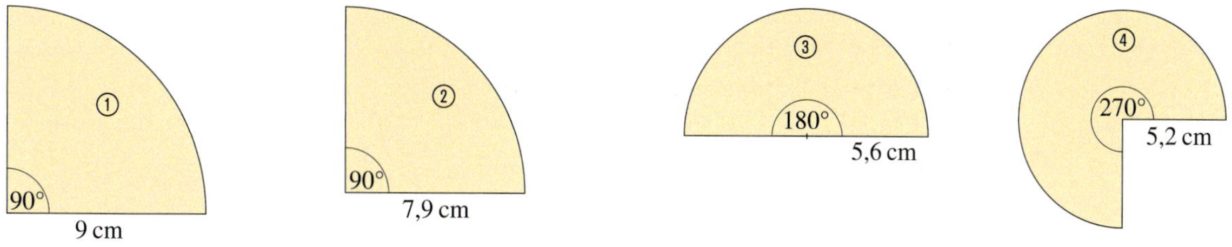

Flächeninhalt des Kreissegmentes — /6

9 Ergänze die Tabelle für Kreisausschnitte.

r	7 mm		5 cm			
d		8,1 dm			0,1 km	
α	45°	207°		175°		22°
b			23,46 cm	27,5 m		
A					4363,3 m^2	4 ha

Flächeninhalt des Kreissegmentes /18

10 Eine CD-Rom hat eine Speicherkapazität von 700 MB. Bestimme die Speicherkapazität der CD in MB pro cm^2. Der Speicherbereich erstreckt sich vom Innenradius 2,2 cm bis zum Außenradius 6 cm.

Flächeninhalt des Kreisrings /2

11 Bestimme den Flächeninhalt der abgebildeten Figur.

a)

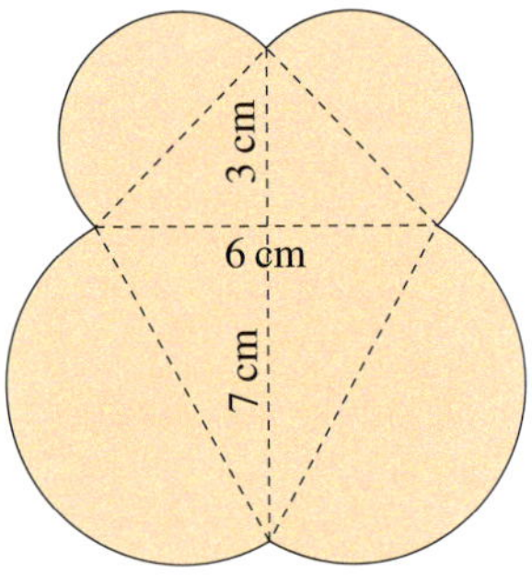

b)

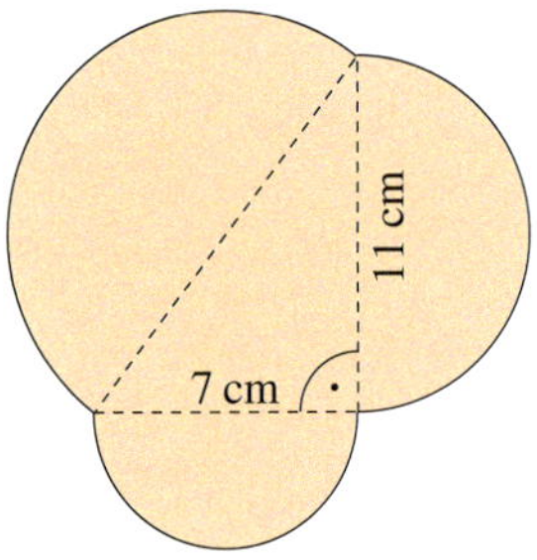

Flächeninhalte zusammengesetzter Figuren /7

Solltest du bei Aufgaben noch weiteren Übungsbedarf haben, dann schau in den Ausgangsdiagnosen nach, welches Angebot dir zu dem jeweiligen Thema zur Verfügung steht.

S. 8, 9; S. 14, 15; S. 22, 23 ←

Die Oberfläche eines geraden Kegels besteht aus einem Kreissektor und einem Kreis.

Kann man von einer Kugel eine Netzdarstellung zeichnen?

Es gibt Pyramiden, die ein Dreieck als Grundfläche besitzen.

Mit welcher Formel berechnet man das Volumen eines Kegels?

Haben Kugeln mit doppeltem Radius auch das doppelte Volumen?

Körper

Das Volumen zusammengesetzter Körper berechnet man, indem man die Volumina der einzelnen Körper addiert.

Kann die Hülle eines Heißluftballons 3000 m^3 Luft einschließen?

Um die Oberfläche eines Zylinders zu berechnen, benötigt man dessen Höhe und Radius.

Diese Inhaltsübersicht soll dir helfen, schnell zu erfassen, welche Zusammenhänge und Begriffe mit dem Thema verbunden sind. Du kannst und solltest die Übersicht auch nach deinen eigenen Vorstellungen erweitern bzw. ergänzen, sodass sie dir auch bei der Bearbeitung der Aufgaben nützlich sein kann.
Einzelne Variablen können hier anders sein, als du sie kennengelernt hast. Variablen können stets ausgetauscht werden.

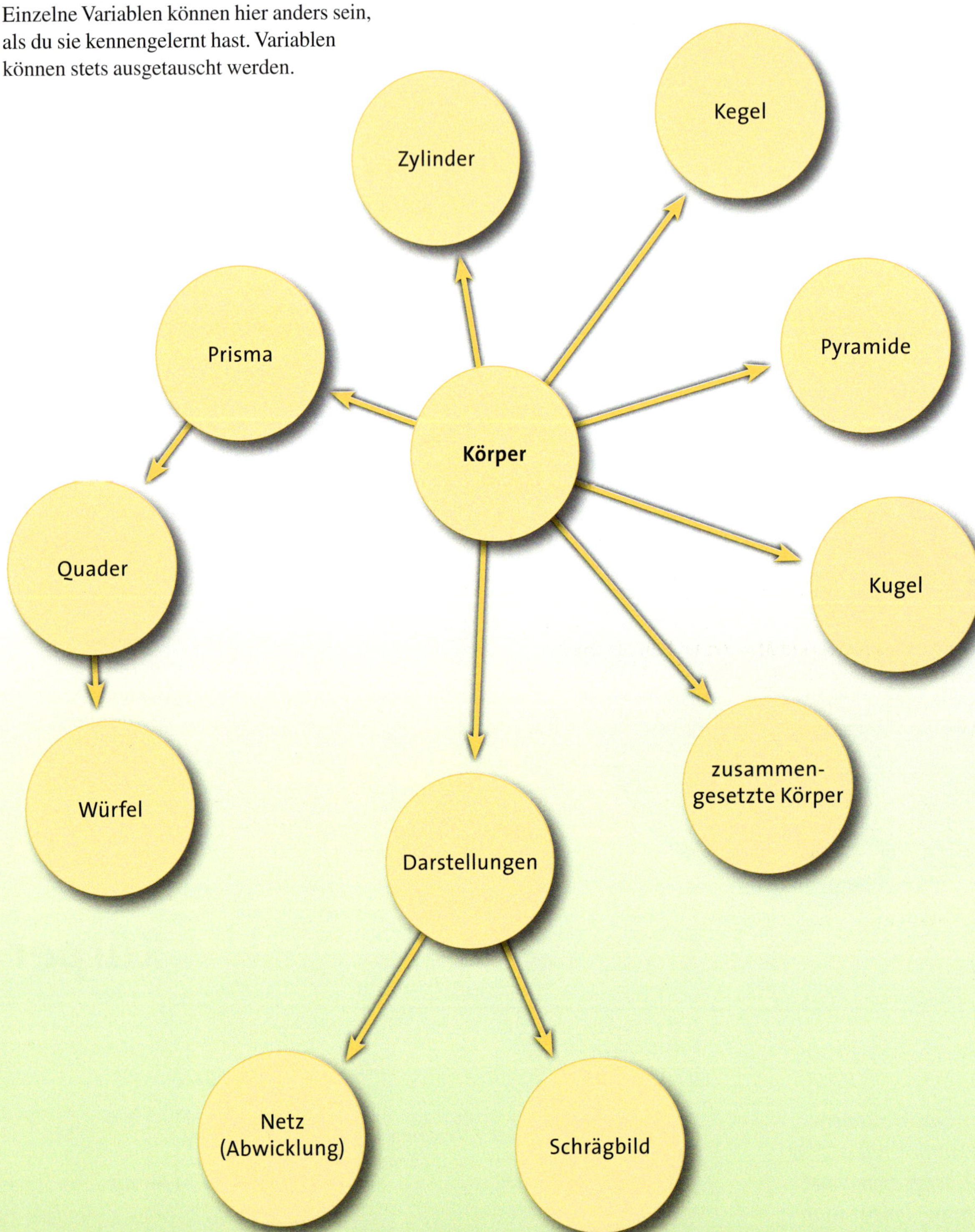

Inhalt

Beispiel

Zylinder sind Körper mit einem Kreis als Grund- und Deckfläche. Die Mantelfläche ist ein Rechteck mit den Maßen Umfang u der Grundfläche und Körperhöhe h. Daher gilt für die Mantelfläche M (auch A_M benannt) $M = 2\pi rh$ und für die Oberfläche O (auch A_O benannt) $O = 2\pi r \cdot (r + h)$.
Für das Volumen gilt die Formel $V = \pi r^2 h$.

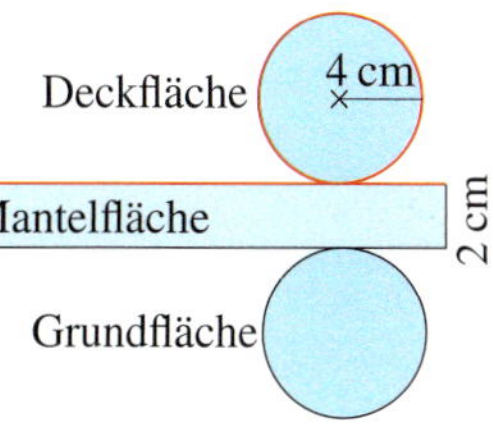

$M = 2\pi \cdot 4 \cdot 2\,\text{cm}^2$
$M \approx 50{,}3\,\text{cm}^2$
$O = 2\pi \cdot 4 \cdot (4 + 2)\,\text{cm}^2$
$O \approx 150{,}8\,\text{cm}^2$
$V = \pi \cdot 4^2 \cdot 2\,\text{cm}^3$
$V \approx 100{,}53\,\text{cm}^3$

Eine Pyramide ist ein Körper mit einem n-Eck als Grundfläche und n Dreiecken als Seitenflächen, die eine gemeinsame Spitze haben. Pyramiden werden nach der Form ihrer Grundfläche benannt. So haben quadratische Pyramiden ein Quadrat als Grundfläche.
Für den Oberflächeninhalt O (auch A_O benannt) gilt $O = 2ah_a + a^2$.
Für das Volumen gilt die Formel $V = \frac{1}{3}a^2 h$.
Nach dem Satz des Pythagoras gilt $\left(\frac{a}{2}\right)^2 + h^2 = h_a^2$; $\left(\frac{a}{2}\right)^2 + h_a^2 = s^2$; $\left(\frac{d}{2}\right)^2 + h^2 = s^2$

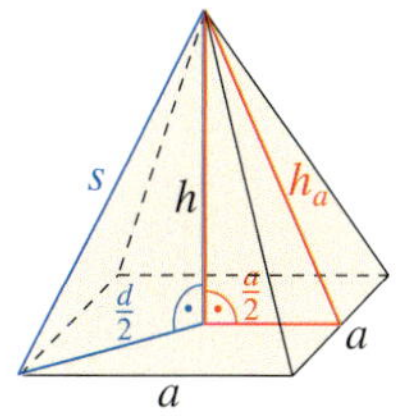

Eine quadratische Pyramide hat die Grundkantenlänge $a = 8\,\text{cm}$ und die Höhe $h = 6\,\text{cm}$.
$h_a^2 = 4^2\,\text{cm}^2 + 6^2\,\text{cm}^2$; $h_a \approx 7{,}2\,\text{cm}$
$O \approx 2 \cdot 8 \cdot 7{,}2\,\text{cm}^2 + 8^2\,\text{cm}^2$
$O \approx 179{,}2\,\text{cm}^2$
$V = \frac{1}{3} \cdot 8^2 \cdot 6\,\text{cm}^3$; $V = 128\,\text{cm}^3$

Ein Kegel ist ein Körper, der durch einen Kreis und einen Punkt außerhalb der Ebene des Kreises festgelegt wird. Die Mantelfläche ist ein Kreissektor, dessen Bogenlänge gleich dem Umfang der Grundfläche ist und Radius s einer Mantellinie des Kegels hat. Für die Mantelfläche M (auch A_M benannt) eines Kegels gilt $M = \pi rs$ und für die Oberfläche O (auch A_O benannt) gilt $O = \pi r \cdot (r + s)$.
Für das Volumen gilt die Formel $V = \frac{1}{3}\pi r^2 h$.
Nach dem Satz des Pythagoras gilt $h^2 + r^2 = s^2$.

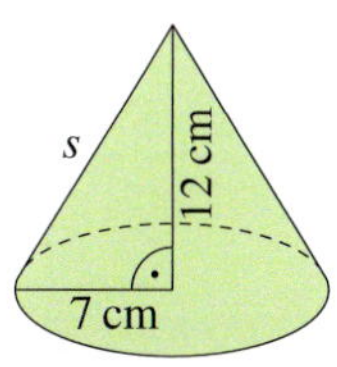

$s^2 = 7^2\,\text{cm}^2 + 12^2\,\text{cm}^2$; $s \approx 13{,}9\,\text{cm}$
$M \approx \pi \cdot 7 \cdot 13{,}9\,\text{cm}^2$; $M \approx 305{,}7\,\text{cm}^2$
$O = M + \pi \cdot 7^2\,\text{cm}^2$; $O \approx 459{,}6\,\text{cm}^2$
$V = \frac{1}{3}\pi \cdot 7^2 \cdot 12\,\text{cm}^3$; $V \approx 615{,}75\,\text{cm}^3$

Das Volumen V einer Kugel mit dem Radius r berechnet man mit der Formel $V = \frac{4}{3}\pi r^3$.
für die Oberfläche O (auch A_O benannt) gilt $O = 4\pi r^2$.

Ein Golfball hat 42 cm Durchmesser.
$V = \frac{4}{3}\pi \cdot 2{,}1^3\,\text{cm}^3$; $V \approx 38{,}8\,\text{cm}^3$
$O = 4\pi \cdot 2{,}1^2\,\text{cm}^2$; $O \approx 55{,}42\,\text{cm}^2$

Will man das Volumen zusammengesetzter Körper bestimmen, kann man die Volumina der einzelnen Körper summieren.
Für die Oberfläche zusammengesetzter Körper gilt diese Vorgehensweise nicht. Hier muss man prüfen, welche Flächen den Körper begrenzen und nur die Flächeninhalte dieser Flächen berechnen und addieren.

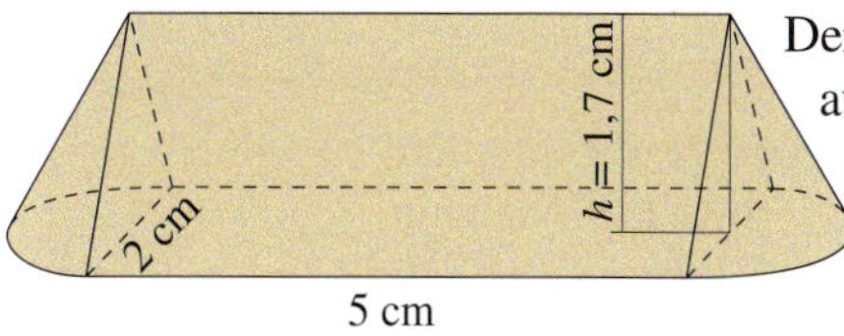

Der Körper besteht aus einem Prisma und zwei halben Kegeln.

$V = \frac{1}{3}\pi \cdot 1^2 \cdot 1{,}7 + \frac{1}{2} \cdot 2 \cdot 1{,}7 \cdot 5 \approx 10{,}28\ [\text{cm}^3]$
Die Oberfläche wird aus der Oberfläche eines Kegels und der Mantelfläche eines Prismas gebildet.
$s^2 \approx 1^2\,\text{cm}^2 + 1{,}7^2\,\text{cm}^2$; $s \approx 1{,}97\,\text{cm}$;
$O \approx \pi \cdot 1 \cdot (1 + 1{,}97)\,\text{cm}^2 + 5 \cdot (2 + 2 \cdot 1{,}97)\,\text{cm}^2$
$O \approx 39{,}03\,\text{cm}^2$

Vorwissen

	Aufgabe	w	f	Bemerkungen oder richtige Lösungen	Richtig gelöst? ✓
1	$0{,}7\,km = 700\,m = 70000\,cm$				
	Ein Zeigefinger kann 10 dm lang sein.				
	$4\,m^2 = 400\,cm^2$				
	Die Körperoberfläche eines erwachsenen Mannes kann $2\,m^2$ betragen.				
	$0{,}5\,m^3 = 500\,dm^3 = 500000\,cm^3$				
	$1\,l = 1\,dm^3 = 1000\,cm^3$				
	Umwandeln von Größen			S. 40, Nr. 1, 2	←
2	Abbildung ① zeigt die Abwicklung (das Netz) eines Würfels.				
	Abbildung ② zeigt die Abwicklung (das Netz) eines Quaders.				
	Im Schrägbild werden die in die Tiefe verlaufenden Kanten im Winkel von $\alpha = 45°$ und um die Hälfte verkürzt gezeichnet.				
	Abbildung ③ zeigt das Schrägbild eines Würfels.				
	Abbildung ③ zeigt das Schrägbild eines Quaders.				
	Schrägbilder und Netze von Würfeln und Quadern			S. 40, Nr. 3	←
3	Ein Würfel mit 3 cm Kantenlänge hat eine Oberfläche von $54\,cm^2$.				
	Die Oberfläche eines Quaders mit den Kantenlängen a, b und c kann man mit der Formel $O = 2ab + 2bc + 2ac$ berechnen.				
	Ein Quader mit den Kantenlängen $a = 2\,cm$, $b = 3\,cm$ und $c = 4\,cm$ hat eine Oberfläche von $52\,cm^2$.				
	Es gibt (abgesehen von verschiedenen Lagen des Körpers) nur einen Quader, der eine Oberfläche von $52\,cm^2$ hat.				
	Die Oberfläche eines Prismas besteht aus dem Mantel sowie der Grund- und der Deckfläche.				
	Oberfläche von Würfel, Quader und Prisma			S. 41, Nr. 4	←

geübt?

geübt?

geübt?

Zeichnung zu Aufgabe 2:

①
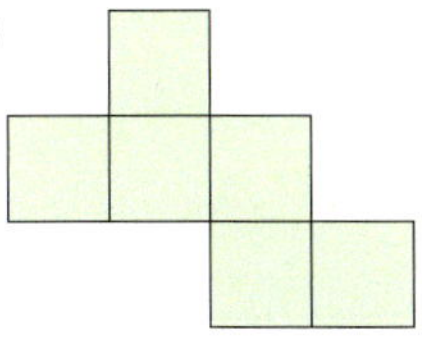

②
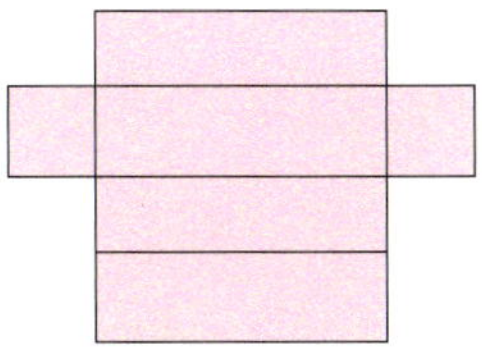

③
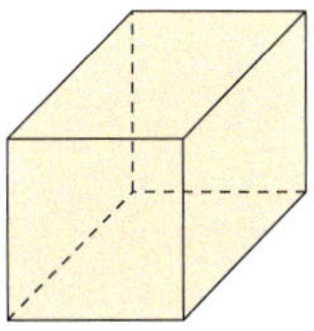

Nr.	Aufgabe	w	f	Bemerkungen oder richtige Lösungen	Richtig gelöst? ✓
4	Das Volumen eines Würfels mit der Kantenlänge a berechnet man mit der Formel $V = a^3$.				
	Aus dem Volumen eines Würfels erhält man die Kantenlänge, indem man aus der Maßzahl des Volumens die Wurzel zieht.				
	Es gibt nur einen möglichen Würfel, der ein Volumen von $1\,dm^3$ hat.				
	Hat ein Quader die Kantenlängen $a = b = 4\,cm$ und $c = 5\,cm$, so hat er ein Volumen von $80\,cm^3$.				
	Das Volumen eines Prismas bestimmt man, indem man den Flächeninhalt der Grundfläche mit der Höhe des Prismas multipliziert.				
	Volumen von Würfel, Quader und Prisma			S. 41, Nr. 5	←

geübt?

Nr.	Aufgabe	w	f	Bemerkungen oder richtige Lösungen	Richtig gelöst? ✓
5	Wenn in einem Dreieck mit den Seiten a, b und c die Beziehung $a^2 + b^2 = c^2$ gilt, dann ist das Dreieck rechtwinklig und c die Hypotenuse des Dreiecks.				
	Ist das Dreieck mit den Seiten $a = 8\,cm$ und $b = 10\,cm$ rechtwinklig, so muss c die Länge 12,8 cm haben.				
	In einem Dreieck mit $\alpha = 90°$, $a = 15\,cm$ und $b = 9\,cm$ gilt $c = 12\,cm$.				
	In jedem rechtwinkligen Dreieck mit $\gamma = 90°$ teilt die Höhe h die Hypotenuse c in zwei Hypotenusenabschnitte q und p und es gilt: $h^2 = q \cdot p$.				
	Im rechtwinkligen Dreieck hat das Quadrat über einer Kathete denselben Flächeninhalt wie das Rechteck, dessen Seiten aus der Hypotenuse und dem anliegenden Hypotenusenabschnitt gebildet werden.				
	Satzgruppe des Pythagoras			S. 41, Nr. 6, 7	←

geübt?

Vorwissen

Basisaufgaben

Umwandeln von Größen

1 Färbe gleiche Größenangaben mit der gleichen Farbe ein.

a) 1 ha   10 ha   100 ha   1 km^2 0,1 km^2

10 000 m^2 100 000 m^2 1 000 000 m^2 100 a

b) 1 l   10 l   100 l   1 dm^3 10 000 cm^3

100 dm^3 0,1 m^3 1 m^3 1000 dm^3 1000 cm^3

2 Kreuze die passende Größe an.

a) Volumen eines Klassenraumes	☐ 20 cm^3	☐ 200 cm^3	☐ 20 m^3	☐ 200 m^3
b) Fläche einer Hand	☐ 20 cm^2	☐ 200 cm^2	☐ 20 m^2	☐ 200 m^2
c) Breite eines Fingers	☐ 20 mm	☐ 20 cm	☐ 20 dm	☐ 2 cm
d) Volumen eines Bauschuttcontainers	☐ 2 dm^3	☐ 200 dm^3	☐ 2 m^3	☐ 200 m^3

Schrägbilder und Netze von Würfeln und Quadern

3 Zeichne das Schrägbild und ein Netz.

a) Würfel mit $a = 2$ cm

b) Quader mit $a = 1{,}5$ cm; $b = 2$ cm; $c = 3$ cm

Oberfläche von Würfel, Quader und Prisma

4 Bestimme die Oberfläche des Körpers.

a) 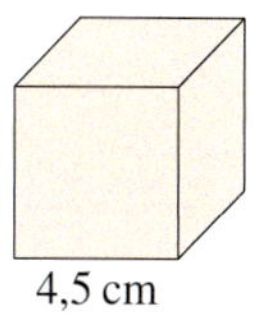

b) 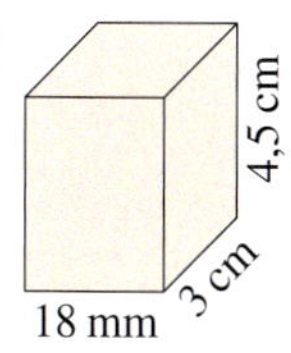

c) 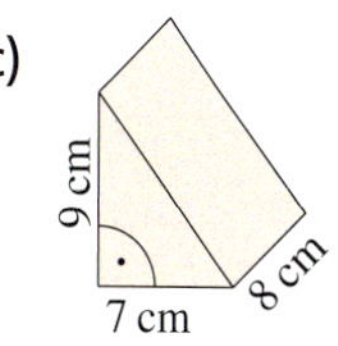

Volumen von Würfel, Quader und Prisma

5 Bestimme das Volumen des in Aufgabe 4 gegebenen Körpers.

a)

b)

c)

Satzgruppe des Pythagoras

6 Berechne für das rechtwinklige Dreieck ABC mit $\gamma = 90°$ die fehlenden Größen.

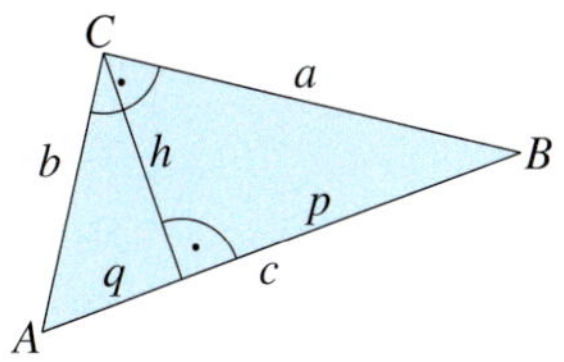

a	8 cm			17 mm
b				29 mm
c	12 cm		17,2 m	
p		25 mm		
q		36 mm	6,5 m	
h				
A				

7 Ein Grundstück hat den gegebenen Grundriss (nicht maßstabsgerecht). Berechne den Umfang und die Grundstücksfläche.

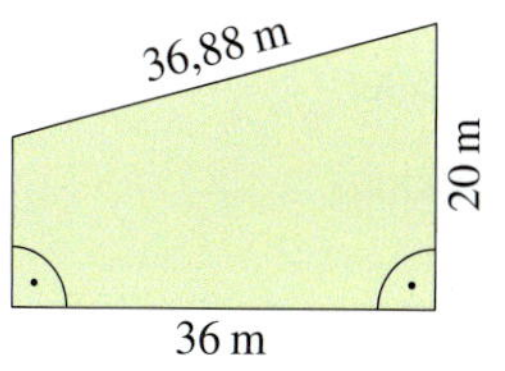

Vorwissen

Kreuze gleich nach der Fertigstellung der Aufgabe an, wie du mit der Lösung der Aufgabe zurechtgekommen bist. Trage später nach dem Vergleich mit den Lösungen ein, wie viele Aufgaben du richtig gelöst hast.

1 Ergänze die richtige Einheit.

a) 7 m = 700 ______ b) 8 dm = 80 ______ c) 0,8 km = 800 ______

d) 1,5 cm = 15 ______ e) $2\,dm^2 = 200$ ______ f) $0{,}2\,cm^2 = 20$ ______

g) $60\,000\,mm^2 = 6$ ______ h) 2 ha = 20 000 ______ i) 3 l = 3 ______

j) $5000\,cm^3 = 5$ ______ k) $10\,m^3 = 10\,000$ ______ l) $500\,mm^3 = 0{,}5$ ______

Umwandeln von Größen /12

2 Bestimme aus dem Schrägbild die Kantenlänge des Würfels bzw. die Kantenlängen des Quaders.

a) 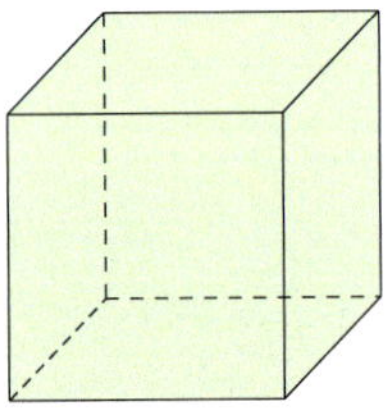

______
______
______

b) 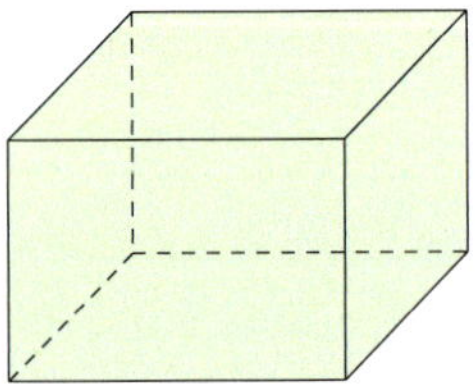

______
______
______

Schrägbilder und Netze von Würfeln und Quadern /4

3 Färbe die Darstellung ein, wenn es sich um ein Netz eines Würfels handelt.

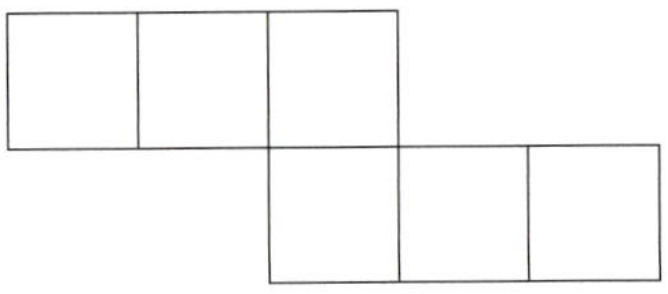

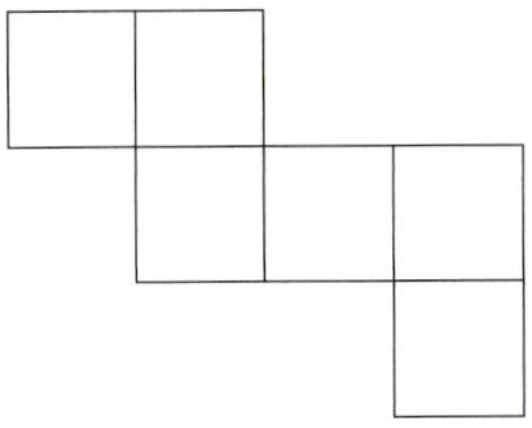

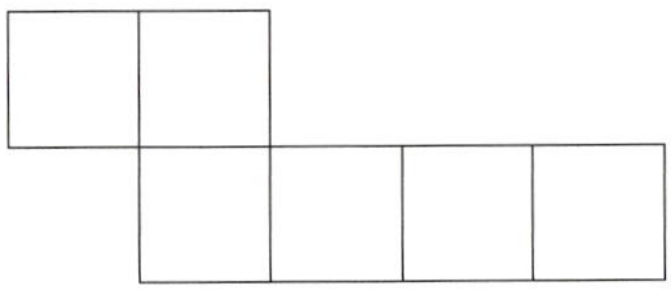

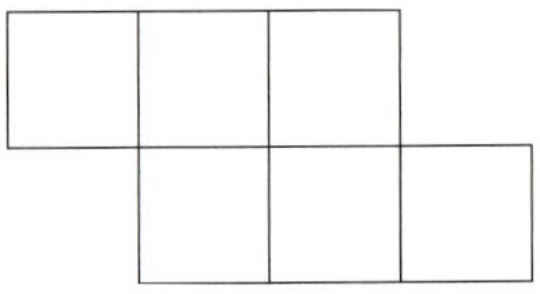

Schrägbilder und Netze von Würfeln und Quadern /4

4 Kreuze die zutreffende Oberflächenformel des Körpers an.

a) Würfel ☐ $O = 4a^2$ ☐ $O = 6a^2$ ☐ $O = 4a^3$ ☐ $O = 6a^3$

b) Quader ☐ $O = 2(ab + bc + ac)$ ☐ $O = 2ab + 2ac + 2bc$ ☐ $O = 2a^2 + 2b^2 + 2c^2$

c) Prisma ☐ $O = M \cdot h$ ☐ $O = G \cdot h$ ☐ $O = M + 2G$ ☐ $O = G + 2M$

Oberfläche von Würfel, Quader und Prisma /4

5 Ordne die Körper nach ihrem Volumen. Beginne mit dem Körper, der das kleinste Volumen besitzt.

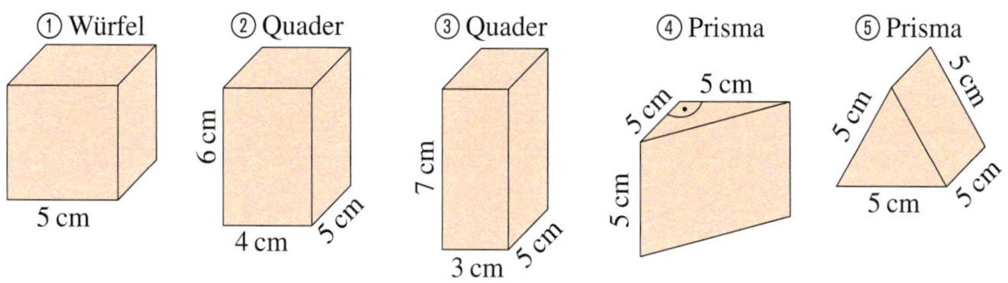

____ < ____ < ____ < ____ < ____

Volumen von Würfel, Quader und Prisma — /7

6 Berechne die fehlenden Werte in der Tabelle.

Körper	Oberfläche	Volumen
Würfel mit $a = 7{,}5\,\text{cm}$		
Quader mit $a = 1\,\text{dm}$; $b = 3{,}5\,\text{cm}$; $c = 75\,\text{mm}$		
7 cm hohes Prisma mit gleichschenkligem, rechtwinkligen Dreieck als Grundfläche: Schenkellänge 10 cm		

Oberfläche und Volumen von Würfel, Quader und Prisma — /7

7 Kreuze die zutreffenden Gleichungen für das rechtwinklige Dreieck an.

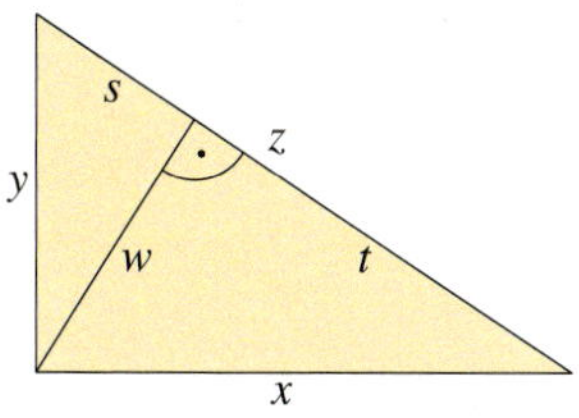

- ☐ $x^2 + y^2 = z^2$
- ☐ $y^2 = s \cdot z$
- ☐ $x^2 + w^2 = t^2$
- ☐ $x \cdot y = z \cdot w$
- ☐ $s^2 + y^2 = x^2$
- ☐ $x^2 = z \cdot t$
- ☐ $w^2 - s^2 = y^2$
- ☐ $x^2 - t^2 = w^2$
- ☐ $x^2 - w^2 = t^2$
- ☐ $s \cdot z = w^2$
- ☐ $s + t = z$
- ☐ $y^2 = w^2 + s^2$

Satzgruppe des Pythagoras — /8

Solltest du bei Aufgaben noch weiteren Übungsbedarf haben, dann schau in der Ausgangsdiagnose nach, welches Angebot dir zu dem jeweiligen Thema zur Verfügung steht.

S. 38, 39 ←

Zylinder

Aufgabe	w	f	Bemerkungen oder richtige Lösungen	Richtig gelöst? ✓
1 Konservendosen haben (näherungsweise) eine zylindrische Form.				
Eishörnchen haben (näherungsweise) immer die Form eines Zylinders.				
Zylinder sind Körper mit einem Kreis als Grund- und Deckfläche.				
Die Mantelfläche eines Zylinders ist ein Kreis.				
Zylinder charakterisieren und identifizieren			S. 46, Nr. 1, 2, 3	←
2 ① zeigt die Abwicklung (das Netz) eines Zylinders.				
② zeigt die Abwicklung eines Zylinders.				
Der Umfang des Kreises in ② ist halb so lang wie die rote Strecke.				
Wird in ② die blaue Linie verlängert, müssen die Kreise vergrößert werden.				
① zeigt das Schrägbild eines Zylinders.				
③ zeigt das Schrägbild eines Zylinders.				
③ ist das Schrägbild eines doppelt so hohen Zylinders wie Zylinder ②.				
④ ist kein Schrägbild eines Zylinders.				
Schrägbild und Netz eines Zylinders			S. 46, Nr. 4; S. 47, Nr. 5, 6	←
3 Das Etikett einer zylindrischen Konservendose umhüllt deren Mantelfläche.				
Für die Mantelfläche M eines Zylinders (auch A_M benannt) mit dem Radius r und der Höhe h gilt: $M = \pi r h$.				
Die Oberfläche eines Zylinders setzt sich zusammen aus der Mantelfläche, der Grund- und der Deckfläche.				
Für die Oberfläche O eines Zylinders (auch A_O benannt) gilt: $O = 2\pi r \cdot (r + h)$.				
Ein 3 cm hoher Zylinder mit einem Durchmesser von 2 cm hat eine Oberfläche von ca. 62,8 cm^2.				
Mantel- und Oberfläche von Zylindern			S. 47, Nr. 7; S. 48, Nr. 8, 9	←

geübt?

geübt?

geübt?

Zeichnung zu Aufgabe 2:

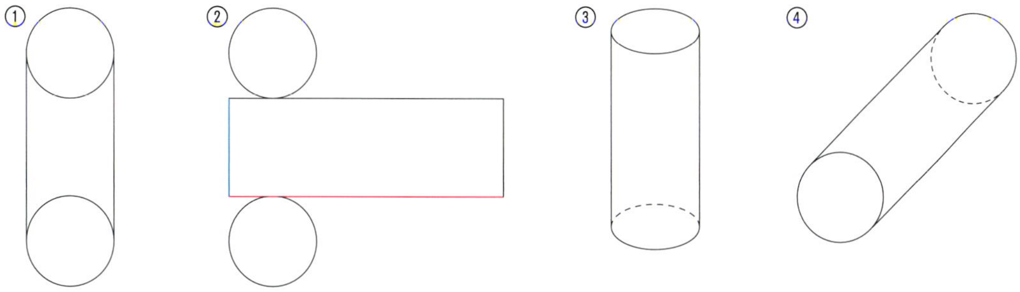

	Aufgabe	w	f	Bemerkungen oder richtige Lösungen	Richtig gelöst? ✓
4	Für das Volumen eines Zylinders mit dem Radius r und der Höhe h gilt: $V = \pi r^2 h$.				
	Ist eine zylinderförmige Kerze 15 cm hoch und hat einen Durchmesser von 4 cm, so hat sie ein Volumen von ca. $754\,\text{cm}^3$.				
	Das Volumen eines Zylinders verdoppelt sich, wenn man den Radius verdoppelt und die Höhe beibehält.				
	Das Volumen eines Zylinders verdoppelt sich, wenn man die Höhe verdoppelt und den Radius beibehält.				
	Die Masse eines zylindrischen Werkstücks wird aus dem Produkt seines Volumens und seiner Dichte berechnet.				
	Volumen des Zylinders			S. 48, Nr. 10, 11; S. 49, Nr. 12, 13, 14, 15	←
5	Für das Volumen eines Hohlzylinders mit der Höhe h, dem Innenradius r_i und dem Außenradius r_a gilt: $V = \pi \cdot (r_a - r_i)^2 \cdot h$.				
	Ein Hohlzylinder mit einer Höhe von 10 cm, einem Innenradius von 3 cm und einem Außenradius von 5 cm hat ein Volumen von ca. $\frac{1}{2}$ Liter.				
	Die Oberfläche eines Hohlzylinders besteht aus der äußeren und der inneren Mantelfläche, sowie zwei Kreisen.				
	Hohlzylinder			S. 50, Nr. 16, 17, 18, 19	←

geübt?

geübt?

Hast du alles richtig gemacht bzw. hast du entsprechend geübt, solltest du auf jeden Fall auch komplexe Aufgaben lösen, bevor du dich dem nächsten Thema widmest.

S. 51, Nr. 20, 21, 22 ←

geübt?

Basisaufgaben

Zylinder charakterisieren und identifizieren

1 Nenne Objekte, die (annähernd) die Form von Zylindern haben.

____

____

2 Begründe, warum es sich bei den folgenden Gegenständen nicht um Zylinder handelt.

Saftglas ____

Würfelbecher ____

Eiswaffel, spitz ____

Säule ohne Sockel ____

Eiswaffel, leer ____

3 Ergänze den Lückentext mit den passenden Begriffen. Wähle aus: Durchmesser, Flächen, Körper, Kreis, Länge, parallel, Quadrat, Rechteck, senkrecht oder Umfang. Vier Begriffe können nicht verwendet werden.

Zylinder sind ____________ mit einem ____________ als Grund- und Deckfläche. Grund- und Deckfläche sind zueinander deckungsgleich und ____________ .

Die Mantelfläche ist ein ____________ . Eine ____________ des Rechtecks ist gleich dem ____________ der Grund- bzw. Deckfläche.

Schrägbild und Netz eines Zylinders

4 Welche Radien müssen zwei Kreise haben, damit sie mit dem Rechteck das Netz eines Zylinders bilden? Es gibt zwei Möglichkeiten.

a) 

____

____

____

____

b) 

____

____

____

____

5 Ein Zylinder ist 2,5 cm hoch und hat den Radius 1 cm. Zeichne ein Netz und skizziere das Schrägbild für den Fall, dass der Zylinder auf einer Kreisfläche steht.

6 Zeichne zum gegebenen Schrägbild des Zylinders ein zugehöriges Netz und zum gegebenen Netz ein Schrägbild des Zylinders.

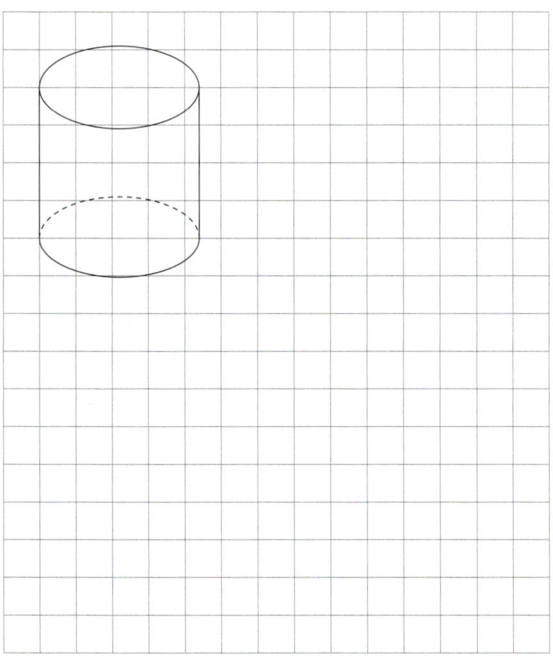

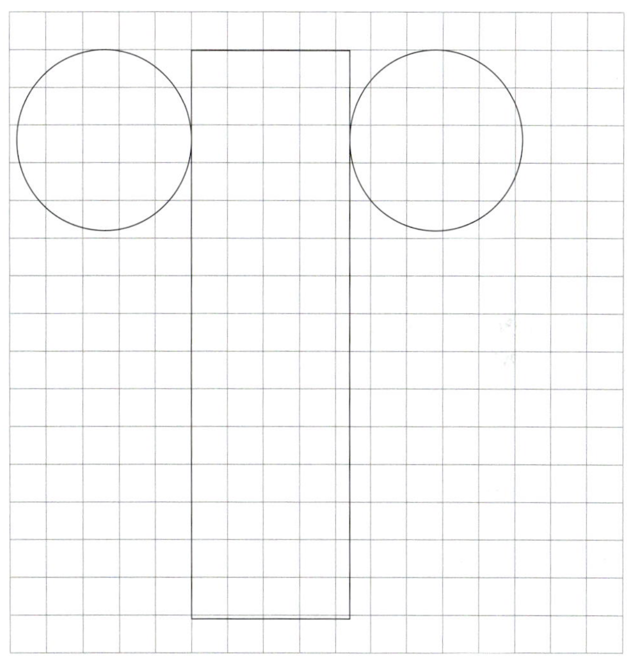

Mantel- und Oberfläche von Zylindern

7 Berechne die Mantelfläche M und die Oberfläche O des Zylinders.

a) $r = 7\,\text{cm}$; $h = 15\,\text{cm}$

b) $d = 12\,\text{cm}$; $h = 3\,\text{dm}$

c) $r = 82\,\text{mm}$; $h = 1\,\text{dm}$

d) $d = 2{,}7\,\text{dm}$; $h = 2\,\text{m}$

8 Ergänze jeweils die fehlenden Werte eines Zylinders.

r	12 mm			65 m	19 dm	
d		38 cm				
h	38 mm	1,5 m	18 mm			
M			$13{,}6\,cm^2$	$11\,843{,}8\,m^2$		$75{,}4\,cm^2$
O					$4894{,}6\,dm^2$	$131{,}95\,cm^2$

9 Richtig (r) oder falsch (f)? Überprüfe die Aussagen und kreuze an.

Aussage	r	f
Die Mantelfläche des Zylinders verdoppelt sich, wenn man den Radius verdoppelt und die Höhe beibehält.		
Die Mantelfläche des Zylinders verdoppelt sich, wenn man die Höhe verdoppelt und den Radius beibehält.		
Die Oberfläche des Zylinders verdoppelt sich, wenn man den Radius verdoppelt und die Höhe beibehält.		
Die Oberfläche des Zylinders verdoppelt sich, wenn man die Höhe verdoppelt und den Radius beibehält.		
Die Mantelfläche des Zylinders kann mit der Formel $M = d \cdot \pi \cdot h$ berechnet werden.		
Die Oberfläche eines Zylinders kann mit der Formel $O = d \cdot \pi \cdot (d + h)$ berechnet werden.		

Volumen des Zylinders

10 Berechne das Volumen des Zylinders. Runde jeweils auf die zweite Nachkommastelle.

a) $r = 6\,cm$; $h = 13\,cm$ **b)** $d = 16\,cm$; $h = 2\,dm$ **c)** $r = 94\,mm$; $h = 3{,}1\,dm$ **d)** $d = 1{,}8\,cm$; $h = 2\,dm$

e) $r = 4{,}5\,cm$; $h = 7\,cm$ **f)** $d = 0{,}5\,m$; $h = 3\,dm$ **g)** $r = 9{,}4\,dm$; $h = 0{,}7\,m$ **h)** $d = 22\,mm$; $h = 1{,}3\,dm$

11 Ergänze die Lücken im Text, sodass wahre Aussagen entstehen.

Das Volumen eines Zylinders ______________ sich, wenn man den Radius verdoppelt und die Höhe beibehält. Verändert man den Durchmesser eines Zylinders nicht, so muss man die Höhe ______________, damit das Volumen verdoppelt wird. Verdoppelt man Höhe und Radius eines Zylinders, so ______________ sich dessen Volumen.

12 Ergänze jeweils die fehlenden Werte eines Zylinders.

r	4 cm	1 dm		45 mm	5 cm	
h	13 cm	50 m	78 cm			7,4 dm
V			153 152,6 cm^3	795,2 cm^3	785,4 cm^3	3,3477 m^3

13 Zylinderförmige Stäbe aus massivem Stahl haben einen Durchmesser von 10 cm und sind 1 m lang. 1 dm^3 Stahl wiegt 7,8 kg. Berechne die Masse eines Stabes und gib an, wie viele Stäbe von einem Lkw transportiert werden können, welcher 3 t laden kann.

14 Ein alter Mühlstein aus Granit besitzt einen Durchmesser von 1,2 m und ist 15 cm dick. Granit hat eine Dichte von $1{,}26\,\frac{g}{cm^3}$. Berechne die Masse des Mühlsteins.

15 Eine Getränkedose soll die Form eines Zylinders haben. Sie soll mit 0,5 l gefüllt werden.

a) Gib drei Möglichkeiten für Radius und Höhe an.

b) Die Herstellungsfirma hat sich entschieden, die Dose so zu produzieren, dass die Höhe der Dose doppelt so groß ist wie der Durchmesser. Welche Maße muss die Dose demnach haben?

c) Welche Änderungen der Maße würden sich nach b) ergeben, wenn die Dose $\frac{3}{4}$ Liter Getränk enthalten soll?

d) Mit der nach b) produzierten Dose soll ein Trinkhalm ausgegeben werden. Welche Länge muss der Halm mindestens haben, damit er nicht in die Dose fallen kann? Welche Länge hältst du für sinnvoll?

Hohlzylinder

16 Berechne mit den Werten in der Zeichnung das Volumen des Hohlzylinders. (Maße in mm)

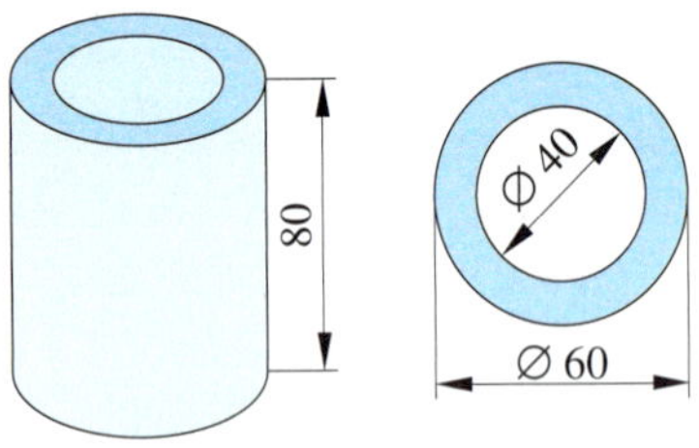

17 Vervollständige die Tabelle für einen Hohlzylinder.

r_a	7 cm	12 mm	1,4 m	5 m	8 cm	22 cm
r_i	6 cm	1 cm	8,2 dm	4,5 m		8,5 mm
h	10 cm	1 dm	27 cm		10 cm	
O						
V				149,2 m^3	1508 cm^3	21 559 cm^3

18 Ein Hohlzylinder ist 4 cm hoch und hat einen inneren Radius von 1,5 cm sowie einen äußeren Radius von 2,5 cm.

a) Zeichne ein Schrägbild des Hohlzylinders.

b) Berechne das Volumen des Hohlzylinders.

c) Der Hohlzylinder wird aus Stahl gefertigt, dessen Dichte 7,4 $\frac{g}{cm^3}$ beträgt. Berechne dessen Masse.

19 Ein PVC-Rohr hat einen Außendurchmesser von 50 mm und eine Wandstärke von 2,4 mm. Für den Transport werden 2 m lange Rohre geschnitten.

a) Wie viel Kunststoff enthält ein 2 m langes Rohr?

b) Das verwendete Material hat eine Dichte von 0,91 $\frac{g}{cm^3}$. Wie viel wiegt eine Ladung von 250 Rohren?

Komplexe Aufgaben

20 Stroh wird nach der Ernte entweder quaderförmig oder zylinderförmig zusammengepresst. Quaderförmige Ballen haben eine Größe von 96 × 38 × 46 [cm] und wiegen 14 kg. Wie schwer ist ein zylinderförmiger Ballen mit einem Durchmesser von 1,8 m und einer Breite von 1,2 m?

21 Das Bild zeigt das größte Fass der Welt. Es besitzt ein Volumen von 1 700 000 Litern. Schätze den Durchmesser und berechne die Höhe bzw. Tiefe des Fasses.

22 Ein 10 cm hoher Zylinder mit einem Radius von 5 cm hat ein Volumen von 785,4 cm³.

a) Gib die Höhe und den Radius von zwei weiteren Zylindern an, die ein Volumen von 785,4 cm³ besitzen.

b) Berechne die Oberflächen der drei Zylinder.

c) Gibt es einen Zylinder mit einem Volumen von 785,4 cm³, der eine kleinere Oberfläche hat als der oben beschriebene Zylinder? Begründe deine Meinung.

Zylinder

Kreuze gleich nach der Fertigstellung der Aufgabe an, wie du mit der Lösung der Aufgabe zurechtgekommen bist.
Trage später nach dem Vergleich mit den Lösungen ein, wie viele Aufgaben du richtig gelöst hast.

1 Welche Aussagen sind richtig für einen Zylinder? Korrigiere die falschen Aussagen.

① Zylinder sind dreidimensionale Kreise. ______________________

② Die Hülle eines Heißluftballons ist annähernd ein Zylinder. ______________________

③ Die Mantelfläche ist ein Rechteck. ______________________

④ Eine Länge der Mantelfläche ist der Durchmesser der Deckfläche. ______________________

Zylinder charakterisieren und identifizieren — /4

2 Färbe den Kreis ein, der verwendet werden muss, um das Rechteck zum Netz eines Zylinders zu vervollständigen.

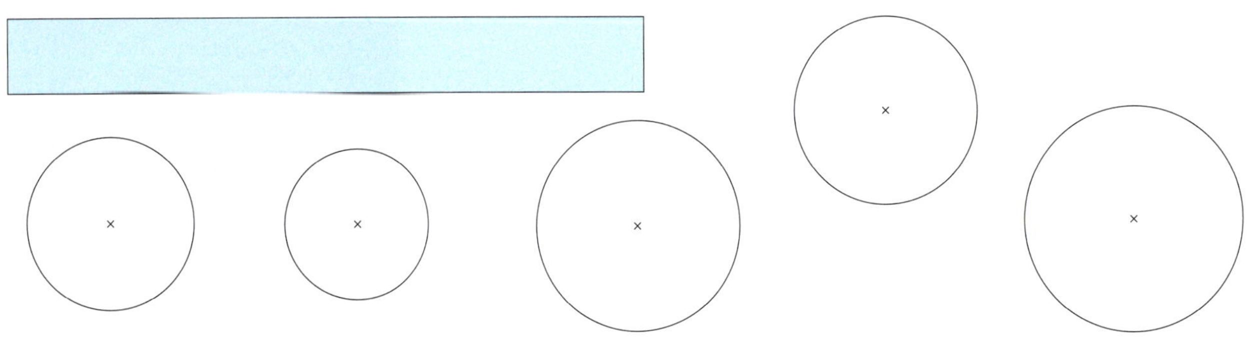

Schrägbild und Netz eines Zylinders — /2

3 Zeichne ein Schrägbild und ein Netz eines Zylinders mit 1,6 cm Höhe und 2,4 cm Durchmesser.

Schrägbild und Netz eines Zylinders — /4

4 Ergänze die Tabelle für Zylinder.

r	7 cm			125 dm	69 m
d		3 cm			
h	19 cm	2,5 dm	36 mm		
M			3392,9 mm^2	6283,2 dm^2	
O					63 296,8 m^3

Mantel- und Oberfläche von Zylindern ☹ 😐 🙂 😀 /15

5 Ergänze die Tabelle für Zylinder.

r	11 dm		9 mm	
d		4 cm		
h	18 dm	2,5 m		18 dm
V			7634,1 mm^3	732,9 l

Volumen des Zylinders ☹ 😐 🙂 😀 /8

6 Eine 5 cm dicke, runde Tischplatte hat einen Durchmesser von 1,8 m. Sie ist aus Fichtenholz gefertigt, das eine Dichte von 500 $\frac{kg}{m^3}$ hat. Wie viel wiegt die Tischplatte?

____

____

Volumen des Zylinders ☹ 😐 🙂 😀 /2

7 Ergänze die Tabelle für Hohlzylinder.

r_i	5 cm	5 mm	
r_a	5,5 cm	2 cm	8 m
h	20 cm	1 dm	22 m
V			2695,5 m^3

Hohlzylinder ☹ 😐 🙂 😀 /6

Solltest du bei Aufgaben noch weiteren Übungsbedarf haben, dann schau in der Ausgangsdiagnose nach, welches Angebot dir zu dem jeweiligen Thema zur Verfügung steht.

S. 44, 45 ←

Pyramide, Kegel, Kugel

	Aufgabe	w	f	Bemerkungen oder richtige Lösungen	Richtig gelöst? ✓
1	Eine Pyramide ist ein Körper mit einem Quadrat als Grundfläche und vier Dreiecken als Seitenflächen, die einen gemeinsamen Eckpunkt (die Spitze) haben.				
	Eine Pyramide mit einem Viereck als Grundfläche hat 5 Ecken, 8 Kanten und 5 Flächen.				
	Eine Pizza hat (annähernd) die Form einer Kugel.				
	Dächer von zylinderförmigen Türmen haben oftmals die Form eines Kegels.				
	Ein Kegel kann durch Drehung eines gleichschenkligen Dreiecks um seine längste Seite beschrieben werden.				
	Eine Kugel kann durch Drehung eines Kreises um einen Durchmesser beschrieben werden.				
	Pyramide, Kegel und Kugel charakterisieren und identifizieren			S. 56, Nr. 1, 2, 3	←

geübt?

2

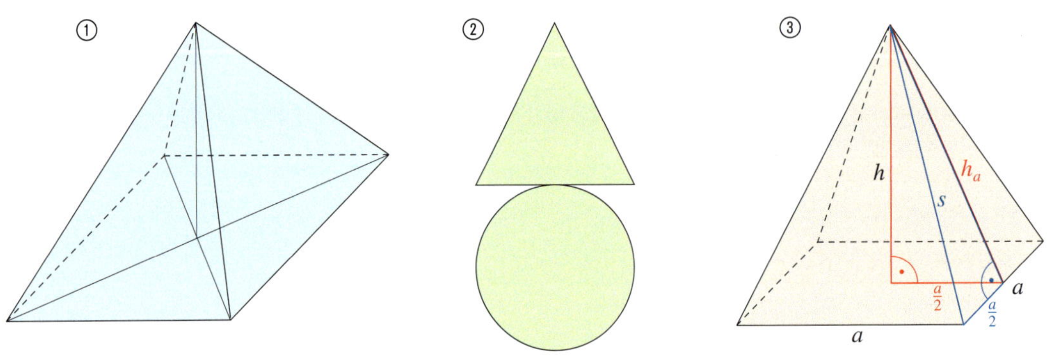

	Aufgabe	w	f	Bemerkungen oder richtige Lösungen	Richtig gelöst? ✓
2	Darstellung ① zeigt das Schrägbild einer Pyramide mit quadratischer Grundfläche.				
	Darstellung ② zeigt die Abwicklung eines Kegels.				
	Das Netz einer Pyramide besteht aus den dreieckigen Seitenflächen und der Grundfläche der Pyramide.				
	Darstellung ② ist dann die Abwicklung eines Kegels, wenn die am Kreis anliegende Seite des Dreiecks genau so lang ist wie der Umfang des Kreises.				
	Nach dem Satz des Pythagoras gilt in einer quadratischen Pyramide (Darstellung ③) $h_a^2 = h^2 + \left(\frac{a}{2}\right)^2$ und $s^2 = h_a^2 + \left(\frac{a}{2}\right)^2$				
	Schrägbild und Netz von Pyramide und Kegel			S. 57, Nr. 4, 5, 6; S. 58, Nr. 7	←

geübt?

AUSGANGSDIAGNOSE

	Aufgabe	w	f	Bemerkungen oder richtige Lösungen	Richtig gelöst? ✓
3	Die dreieckigen Seitenflächen einer Pyramide bilden die Mantelfläche M (auch A_M genannt). Zusammen mit der Grundfläche G (auch A_G genannt) ergibt sich ihre Oberfläche O (auch A_O genannt).				
	Für Pyramiden mit quadratischer Grundfläche gilt: $O = 2 \cdot a \cdot h_a + a^2$.				
	Beim Kegel verläuft die Mantellinie s von der Spitze zu einem Punkt seiner Grundkante. Für die Mantelfläche M eines Kegels mit dem Radius r gilt: $M = \pi \cdot r \cdot s$.				
	Für die Oberfläche O eines Kegels gilt $O = \pi \cdot (r + s)$.				
	Die Oberfläche einer Kugel mit dem Radius r lässt sich mit der Formel $O = 4\pi r^3$ berechnen.				
	Eine Kugel mit einem Radius von $r = 1$ m hat eine Oberfläche von ca. 12,6 m².				
	Oberfläche von Pyramiden, Kegeln und Kugeln			S. 58, Nr. 8, 9; S. 59, Nr. 10, 11, 12, 13; S. 60, Nr. 14, 15, 16	← geübt?
4	Das Volumen V einer Pyramide wird bestimmt, indem der Flächeninhalt der Grundfläche mit der Höhe der Pyramide multipliziert und das Ergebnis durch 3 geteilt wird.				
	Das Volumen eines Kegels mit dem Radius r und Höhe h berechnet man mit der Formel $V = \frac{1}{3}\pi r^2 h$.				
	Verdoppelt man den Radius eines Kegels und lässt die Höhe unverändert, so verdoppelt sich auch das Volumen des Kegels.				
	Das Volumen V einer Kugel mit dem Radius r ergibt sich aus $V = \frac{3}{4}\pi r^3$.				
	Eine Kugel mit einem Radius von 30 cm hat ein Volumen von mehr als 100 l.				
	Volumen von Pyramiden, Kegeln und Kugeln			S. 60, Nr. 17, 18; S. 61, Nr. 19, 20, 21, 22, 23; S. 62, Nr. 24, 25, 26, 27	← geübt?

Hast du alles richtig gemacht bzw. hast du entsprechend geübt, solltest du auf jeden Fall auch komplexe Aufgaben lösen, bevor du dich dem nächsten Thema widmest.

S. 63, Nr. 28, 29 ← geübt?

Pyramide, Kegel, Kugel

Basisaufgaben

Pyramide, Kegel und Kugel charakterisieren und identifizieren

1 Nenne Objekte, die (annähernd) die Form der genannten Körper besitzen.

Pyramide ______________________________

Kegel ______________________________

Kugel ______________________________

2 Ergänze den folgenden Lückentext mit diesen gegebenen Begriffen: Dreiecken, gerade, Grundfläche, Kreis, schief, Spitze.

Eine Pyramide ist ein Körper mit einem n-Eck als ______________ und n ______________ als Seitenflächen, die einen gemeinsamen Eckpunkt (die ______________) haben.

Ein Kegel ist ein Körper, der durch einen ______________ und einen Punkt außerhalb der Ebene des Kreises (also der Spitze des Kegels) festgelegt wird. Verläuft die Höhe von der Spitze zum Mittelpunkt der Grundfläche, so ist die Pyramide, bzw. der Kegel ______________. Andernfalls nennt man die Pyramide bzw. den Kegel ______________.

3 Gegeben sind Schrägbilder von Körpern.

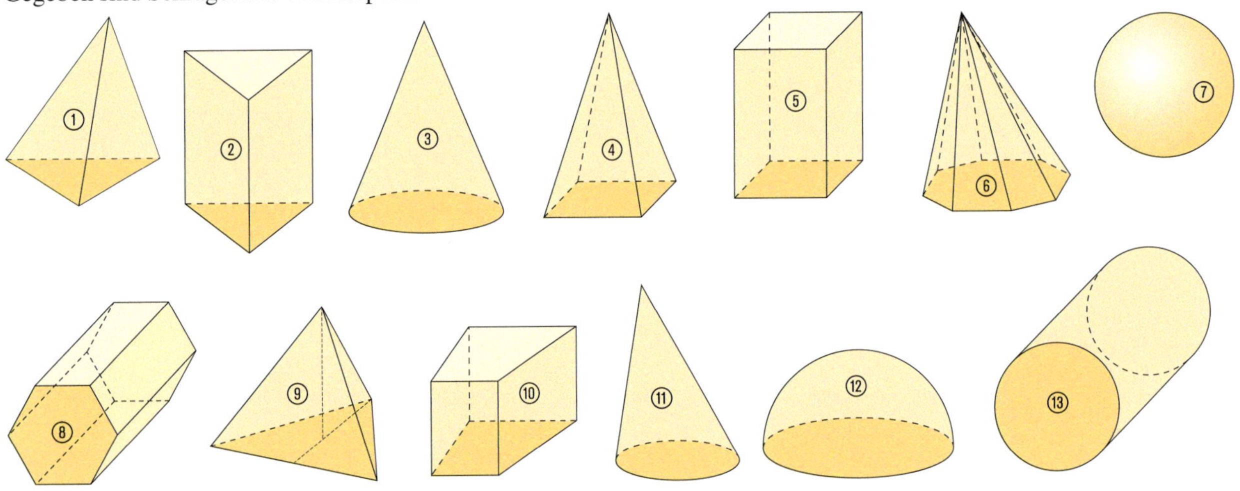

a) Ordne die Nummern der dargestellten Körper richtig in die gegebene Tabelle ein.

Pyramide		Kegel		Kugel
gerade	schief	gerade	schief	

b) Einige Körper lassen sich in die Tabelle a) nicht einordnen. Gib jeweils die Nummer des Körpers an und um welchen Körper es sich handelt.

____

____

Schrägbild und Netz von Pyramide und Kegel

4 Zeichne ein Schrägbild des Körpers.

a) Pyramide mit quadratischer Grundfläche mit $a = 2{,}6\,\text{cm}$; Körperhöhe $h = 4\,\text{cm}$

b) Pyramide mit rechteckiger Grundfläche mit $a = 2\,\text{cm}$; $b = 5\,\text{cm}$; Körperhöhe $h = 3{,}5\,\text{cm}$

c) Kegel, dessen Grundfläche den Durchmesser $d = 4\,\text{cm}$ hat; Körperhöhe $h = 3{,}8\,\text{cm}$

5 Gegeben sind ein Netz einer quadratischen Pyramide und zwei rechtwinklige Dreiecke, die als „Stützdreiecke" auf den rot eingezeichneten Linien der Grundfläche stehen würden.

a) Beschrifte alle Linien mit Variablen bzw. Termen wie bereits begonnen.

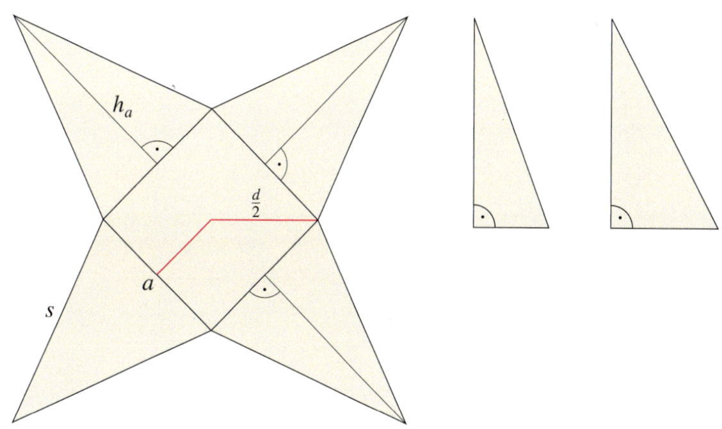

b) Kreuze an, welche der folgenden Gleichungen in der Pyramide gelten.

- ☐ $h^2 + \left(\frac{d}{2}\right)^2 = s^2$
- ☐ $h^2 + \left(\frac{a}{2}\right)^2 = s^2$
- ☐ $h^2 + \left(\frac{d}{2}\right)^2 = h_a^2$
- ☐ $h_a^2 + \left(\frac{d}{2}\right)^2 = h^2$
- ☐ $h^2 + \left(\frac{a}{2}\right)^2 = h_a^2$
- ☐ $h_a^2 + \left(\frac{a}{2}\right)^2 = h^2$
- ☐ $h_a^2 + \left(\frac{d}{2}\right)^2 = s^2$
- ☐ $h_a^2 + \left(\frac{a}{2}\right)^2 = s^2$
- ☐ $a^2 + a^2 = d^2$
- ☐ $2\,a^2 = d^2$
- ☐ $2\left(\frac{a}{2}\right)^2 = \left(\frac{d}{2}\right)^2$
- ☐ $h_a^2 + h^2 = s^2$

6 Zeichne ein Netz eines geraden Kegels mit $1{,}8\,\text{cm}$ Grundkreisradius und $2{,}4\,\text{cm}$ Höhe.

Länge der Mantellinie ______________________

____

weitere Maße der Mantelfläche ______________________

____

____

7 Sind die folgenden Aussagen für **jede** quadratische Pyramide richtig (r) oder falsch (f)? Begründe.

$s > h_a$ ☐ ____________________

$h > h_a$ ☐ ____________________

$a > h$ ☐ ____________________

$h < s$ ☐ ____________________

$a < s$ ☐ ____________________

Oberfläche von Pyramiden, Kegeln und Kugeln

8 Berechne die Mantelfläche und die Oberfläche der quadratischen Pyramide.

a) $a = 7\,\text{cm};\ h = 15\,\text{cm}$ **b)** $a = 12\,\text{cm};\ h = 3\,\text{dm}$ **c)** $a = 12\,\text{cm};\ h_a = 18\,\text{cm}$ **d)** $a = 5\,\text{cm};\ s = 10\,\text{cm}$

9 Berechne die fehlenden Werte einer quadratischen Pyramide. Runde alle Größen auf die erste Nachkommastelle.

a	h	s	h_a	M	O
16 mm			10 mm		
2,4 m	3,1 m				
	9 dm		15 dm		
8 m		8 m			
		24 cm	1,8 dm		

10 Gib die Seitenlängen und Höhen von drei quadratischen Pyramiden an, deren Oberfläche 325 cm^2 beträgt.

① a = ______ cm; h = ______ cm ② a = ______ cm; h = ______ cm ③ a = ______ cm; h = ______ cm

11 Überprüfe, ob die folgenden Aussagen richtig (r) oder falsch (f) sind.

Die Mantelfläche eines Kegels mit dem Radius r und der Mantellinie s kann mit dem Term $r\pi s$ berechnet werden. ☐

Die Mantelfläche eines Kegels verdoppelt sich, wenn man den Radius verdoppelt und die Höhe beibehält. ☐

Die Mantelfläche eines Kegels verdoppelt sich, wenn man die Mantellinie verdoppelt und den Radius beibehält. ☐

Die Mantelfläche eines Kegels verdoppelt sich, wenn man die Höhe verdoppelt und den Radius beibehält. ☐

12 Berechne die Mantelfläche und die Oberfläche des Kegels. Runde jeweils auf die zweite Nachkommastelle.

a) $r = 28\,m$; $s = 36\,m$ b) $r = 9\,cm$; $h = 14\,cm$ c) $d = 26\,mm$; $h = 1{,}2\,cm$

13 Berechne die fehlenden Größen des Kegels.

r	s	h	M	G	O
11 mm	15 mm				
2,3 m		4 m			
10 cm			345,6 cm^2		
	20,5 m	15 m			
		45 cm		3421,2 cm^2	
				113,1 dm^2	3 m^2

14 Berechne die Oberfläche der Kugel. Runde jeweils auf die zweite Nachkommastelle.

a) $r = 7\,\text{mm}$ b) $r = 47\,\text{m}$ c) $d = 3{,}7\,\text{dm}$

15 Stelle in a) die Oberflächenformel der Kugel nach r und in b) die Oberflächenformel des Kegels nach s um.

a) $O = 4\pi r^2$ b) $O = \pi r(r + s)$

16 Eine Kugel hat einen Oberflächeninhalt von $100\,\text{cm}^2$.

a) Welchen Radius hat diese Kugel?

b) Wie verändert sich der Radius, wenn sich der Oberflächeninhalt verdoppelt?

Volumen von Pyramiden, Kegeln und Kugeln

17 Berechne das Volumen der quadratischen Pyramide. Runde, wenn nötig, jeweils auf die zweite Nachkommastelle.

a) $a = 7\,\text{cm};\ h = 15\,\text{cm}$ b) $a = 12\,\text{cm};\ h = 3\,\text{dm}$ c) $a = 12\,\text{cm};\ h_a = 18\,\text{cm}$ d) $a = 5\,\text{cm};\ s = 10\,\text{cm}$

18 Stelle in a) die Volumenformel der quadratischen Pyramide nach h und in b) die Volumenformel des Kegels nach r um.

a) $V = \frac{1}{3}a^2 h$ b) $V = \frac{1}{3}\pi r^2 h$

19 Berechne die fehlenden Größen der quadratischen Pyramide. Runde auf eine Nachkommastelle. Achte jedoch darauf, nicht mit einem so gerundeten Wert weitere Größen zu berechnen.

a	13 cm	67 cm			4,5 m	
s			22 cm			
h_a		58 cm	20 cm	9,5 m		
h	20 cm			8 m		10 mm
V					101,25 m^3	163,3 mm^3

20 Die ursprüngliche Höhe der Cheops-Pyramide betrug 280 Königsellen. Die Seiten der quadratischen Grundfläche waren 440 Königsellen lang. Eine Königselle entspricht einer Länge von ca. 523 mm.
Heute ist die Pyramide bei einer Seitenlänge von ca. 225 m noch etwa 138,5 m hoch.
Bestimme das Volumen der ursprünglichen und der heutigen Cheops-Pyramide. Wie viel Gestein ist seit dem Bau vor etwa 4600 Jahren verwittert?

21 Eine Pyramide mit rechteckiger Grundfläche hat ein Volumen von 500 m^3 und eine Höhe von 10 m. Wie lang ist die zweite Seite des Rechtecks, wenn die Länge einer Seite 8 m beträgt?

22 Berechne die fehlenden Größen des Kegels.

r	8 cm		6 m	5 cm	
h	27 cm	18 mm			954 m
s			12,5 m		1,2 km
V		9123,2 mm^3		1 l	

23 Ein kegelförmig aufgeschütteter Sandhaufen hat 4,4 m Umfang und ist 80 cm hoch. Berechne das Volumen.

24 Berechne die fehlenden Größen der Kugel.

r	47 mm		2,9 dm		
d		83 m			
V				73,62 cm^3	137,26 dm^3

25 Bei Leichtathletikwettkämpfen werden beim Kugelstoßen genormte Stahlkugeln benutzt. Ein Kubikzentimeter Stahl wiegt 7,86 g. Bestimme das Volumen und den Durchmesser einer 4 kg schweren Kugel für Damenwettkämpfe und einer 7,25 kg schweren Kugel für Herrenwettkämpfe.

26 Ergänze den folgenden Lückentext.

Das Volumen einer Pyramide ______________ sich, wenn man die Höhe verdoppelt und die Grundfläche beibehält. Verdoppelt man die Grundseite einer quadratischen Pyramide und halbiert seine Höhe, so ______________ sich das Volumen. Verdoppelt man den Radius und die Höhe eines Kegels, so ______________ sich das Volumen. Halbiert man den Radius eines Kegels, so muss man die Höhe ______________, damit das Volumen unverändert bleibt. Verdoppelt man den Radius einer Kugel, so ______________ sich deren Volumen.

27 Dargestellt sind verschiedene Körper (nicht maßstabsgerecht) im Schrägbild. Ordne die Körper zunächst nach ihrem Volumen und dann nach ihrer Oberfläche.

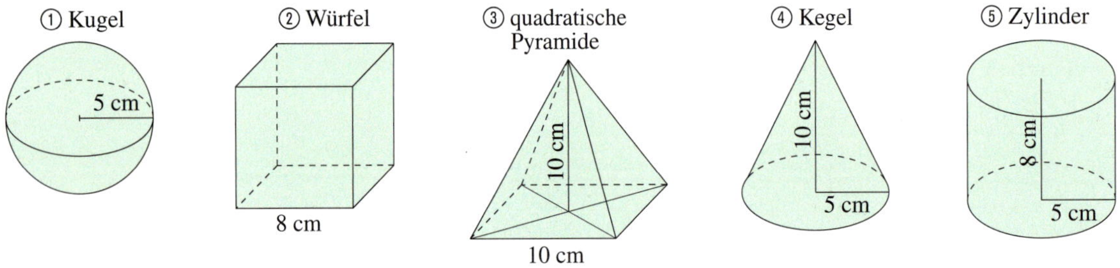

Komplexe Aufgaben

28 Entsprechend der Darstellung für eine Pyramide mit dreieckiger Grundfläche können aus Trinkhalmen für die Kanten und Knetmassekügelchen für die Ecken Körpermodelle gebastelt werden. Mithilfe einer solchen Bastelübung können auch Gesetzmäßigkeiten abgeleitet werden.

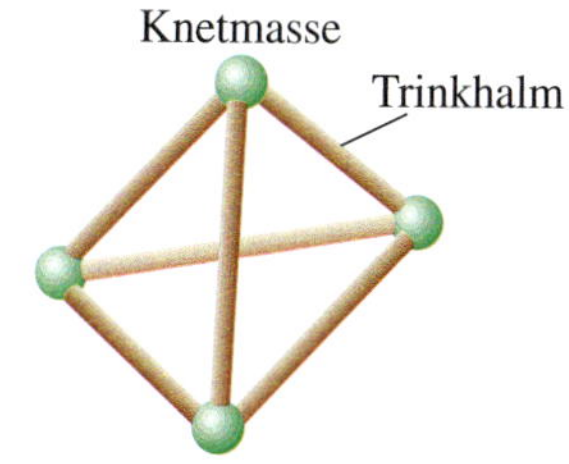

a) Vervollständige die Tabelle zu den Anzahlen von Ecken, Kanten und Flächen der Pyramiden mit den angegebenen Grundflächen.

Grundfläche	Ecken (E)	Kanten (K)	Flächen (F)
Dreieck		6	
Viereck			5
Fünfeck			
Achteck			
38-Eck			
n-Eck			

b) Weise nach, dass für alle Pyramiden gilt: E + F = K + 2.

29 In eine Kugel wird ein Würfel einbeschrieben, dessen Ecken die Kugelfläche berühren.

a) Der Würfel soll die Kantenlänge 10 cm haben. Berechne den Radius der Kugel sowie die Volumina beider Körper. Welchen Anteil hat das Volumen des Würfels am Volumen der Kugel?

b) Ist beim Vergrößern oder Verkleinern des Gesamtkörpers das Verhältnis des Würfelvolumens zum Kugelvolumen konstant oder verändert es sich? Begründe deine Meinung.

Pyramide, Kegel, Kugel

Kreuze gleich nach der Fertigstellung der Aufgabe an, wie du mit der Lösung der Aufgabe zurechtgekommen bist.
Trage später nach dem Vergleich mit den Lösungen ein, wie viele Aufgaben du richtig gelöst hast.

1 Welche Aussagen sind richtig? Korrigiere die falschen Aussagen.

① Pyramiden haben immer quadratische Grundflächen. ______________________

② Beim Kegel verläuft die Höhe von der Spitze zum Radius des Kreises. ______________________

③ Die Mantelfläche eines Kegels ist ein Kreisausschnitt, dessen Bogenlänge dem Umfang des Grundkreises entspricht. ______________________

④ Die Oberfläche der Kugel kann mit Kreisen überdeckt werden. ______________________

Pyramide, Kegel und Kugel charakterisieren und identifizieren — /4

2 Färbe den Kreis ein, der verwendet werden muss, um den Kreisausschnitt zum Netz eines Kegels zu vervollständigen.

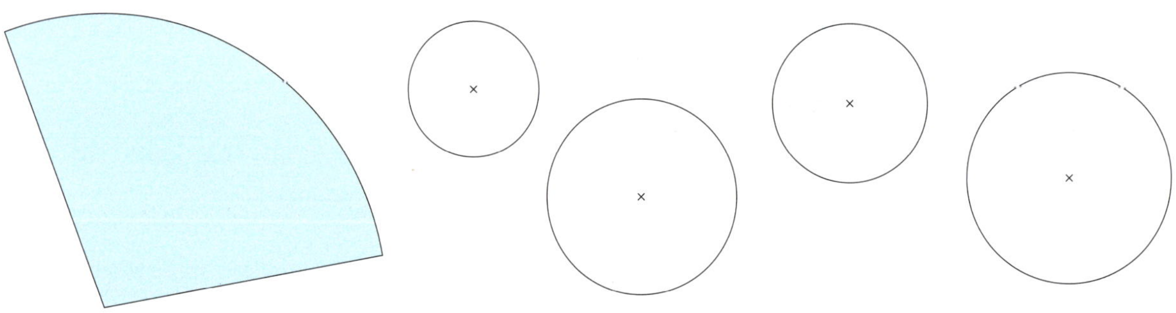

Schrägbild und Netz von Pyramide und Kegel — /2

3 Zeichne ein Schrägbild der quadratischen Pyramide mit der Seitenlänge $a = 2{,}4\,\text{cm}$ und der Höhe $h = 2{,}1\,\text{cm}$ und vervollständige zum Netz dieser Pyramide.

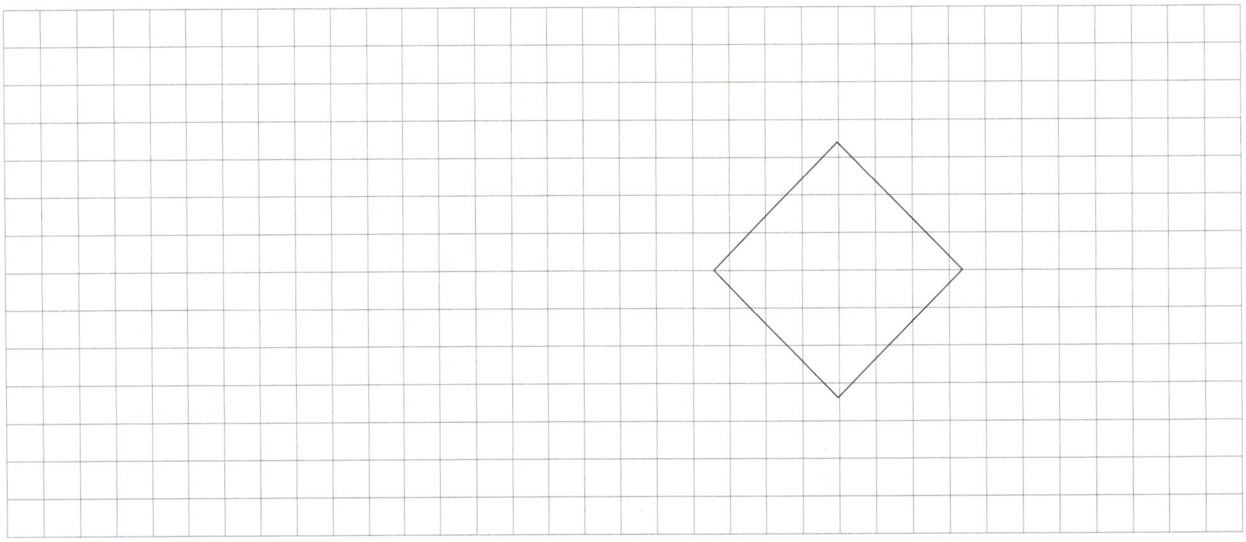

Schrägbild und Netz von Pyramide und Kegel — /4

4 Ergänze die Tabelle für Kegel mit dem Radius r, der Mantellinie s und der Höhe h.

r	s	h	M	G	O
8 cm		8 cm			
33 mm	42,6 mm				
29 m			6468,5 m^2		

Oberfläche von Pyramiden, Kegeln und Kugeln — /12

5 Ergänze die Tabelle für quadratische Pyramiden mit der Grundseite a, der Höhe h, der Seitenhöhe h_a und der Seitenkante s.

a	s	h_a	h	M	O
15 cm			10 cm		
3 dm	5 dm				
		9 m	7 m		

Oberfläche von Pyramiden, Kegeln und Kugeln — /12

6 Eine Kugel hat 75 cm Durchmesser. Eine quadratische Pyramide hat eine Grundseite von 75 cm Länge und ist 100 cm hoch. Ein Kegel hat 75 cm Radius und ist 50 cm hoch. Bestimme die Volumina der drei Körper.

Volumen von Pyramiden, Kegeln und Kugeln — /3

7 Richtig oder falsch? Korrigiere die falschen Aussagen.

① Verdoppelt man den Radius einer Kugel, so vervierfacht sich das Volumen.

② Verdoppelt man die Höhe eines Kegels und verändert den Kreisradius nicht, so verdoppelt sich das Volumen des Kegels.

③ Verdoppelt man die Grundseite einer quadratischen Pyramide und behält die Höhe bei, so vervierfacht sich das Volumen der Pyramide.

Volumen von Pyramiden, Kegeln und Kugeln — /3

Solltest du bei Aufgaben noch weiteren Übungsbedarf haben, dann schau in der Ausgangsdiagnose nach, welches Angebot dir zu dem jeweiligen Thema zur Verfügung steht.

S. 54, 55 ←

Zusammengesetzte Körper

Darstellungen zu allen Aufgaben:

①

②

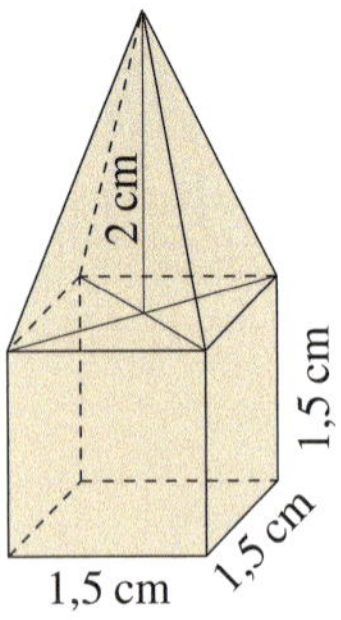

③

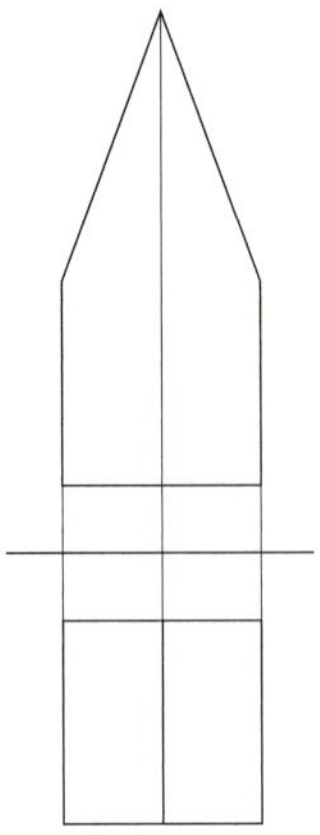

	Aufgabe	w	f	Bemerkungen oder richtige Lösungen	Richtig gelöst? ✓
1	Die Silos im Bild ① bestehen annähernd aus je einem Kegel und einem Zylinder.				
	Der im Bild ② dargestellte Körper besteht aus einem Würfel und einer Pyramide.				
	Der im Bild ② dargestellte Körper hat 9 Ecken, 16 Kanten und 9 Flächen.				
	Zusammengesetzte Körper charakterisieren und identifizieren			S. 68, Nr. 1, 2, 3	←
2	Bild ② zeigt das Schrägbild eines Würfels mit aufgesetzter Pyramide.				
	Von den Silos im Bild ① lässt sich kein Schrägbild zeichnen, da sich der Kegel unterhalb des Zylinders befindet.				
	Das Netz eines Kegels mit aufgesetztem Zylinder besteht aus einem Kreisausschnitt, zwei Kreisen und einem Rechteck.				
	Das Netz des zusammengesetzten Körpers aus Bild ② besteht aus fünf Quadraten und vier Dreiecken.				
	Schrägbild und Netz zusammengesetzter Körper			S. 69, Nr. 4, 5, 6	←
3	Ein Zweitafelbild besteht aus dem Grundriss und dem Aufriss, also der Draufsicht und der Vorderansicht.				
	Bild ③ zeigt das Zweitafelbild eines Würfels mit aufgesetztem Prisma.				
	Um das Zweitafelbild des Körpers aus Bild ② zu zeichnen, muss nur die Draufsicht von Bild ③ verändert werden.				
	Zweitafelbilder			S. 70, Nr. 7, 8, 9	←

geübt?

geübt?

geübt?

	Aufgabe	w	f	Bemerkungen oder richtige Lösungen	Richtig gelöst? ✓
4	Um die Oberfläche des zusammengesetzten Körpers aus Bild ② zu bestimmen, addiert man die Oberfläche der Pyramide und die Oberfläche des Würfels.				
	Der zusammengesetzte Körper aus Bild ② hat eine Oberfläche von ca. $17{,}66\,\text{cm}^2$.				
	Die Oberfläche eines Zylinders mit aufgesetztem Kegel ergibt sich aus der Oberfläche des Zylinders plus der Fläche des Kreisausschnitts vom Kegel.				
	Die Oberfläche eines Quaders mit aufgesetztem Prisma mit dreieckiger Grundfläche (siehe Bild ③) besteht aus 7 Rechtecken und zwei Dreiecken.				
	Für die Oberfläche eines Zylinders mit dem Radius r und der Höhe h mit aufgesetzter Halbkugel mit gleichem Radius gilt die Formel $O = \pi \cdot r \cdot (3r + 2h)$.				
	Oberfläche zusammengesetzter Körper			S. 71, Nr. 10, 11	←

geübt?

	Aufgabe	w	f	Bemerkungen oder richtige Lösungen	Richtig gelöst? ✓
5	Das Volumen eines Silos aus Bild ① ergibt sich aus dem Volumen des Kegels und dem Volumen des Zylinders.				
	Das Volumen eines Silos aus Bild ① beträgt ungefähr $1723\,\text{m}^3$.				
	Man kann das Volumen des Körpers aus Bild ② bestimmen, indem man die Grundfläche mit der Gesamthöhe multipliziert und das Ergebnis mit $\frac{2}{3}$ multipliziert.				
	Der zusammengesetzte Körper aus Bild ② hat ein Volumen von $4{,}875\,\text{cm}^3$.				
	Für das Volumen eines Zylinders mit dem Radius r und der Höhe h mit aufgesetzter Halbkugel mit gleichem Radius gilt die Formel $V = \pi \cdot r^2 \cdot \left(\frac{2}{3}r + h\right)$.				
	Volumen zusammengesetzter Körper			S. 72, Nr. 12, 13, 14	←

geübt?

Hast du alles richtig gemacht bzw. hast du entsprechend geübt, solltest du auf jeden Fall auch komplexe Aufgaben lösen, bevor du dich dem nächsten Thema widmest.

S. 73, Nr. 15 ←

geübt?

Zusammengesetzte Körper

Basisaufgaben

Zusammengesetzte Körper charakterisieren und identifizieren

1 Nenne mindestens vier Objekte, die aus verschiedenen Körpern zusammengesetzt sind und benenne die Einzelköper aus denen sie bestehen.

2 Aus welchen Körpern sind die folgenden Figuren zusammengesetzt?

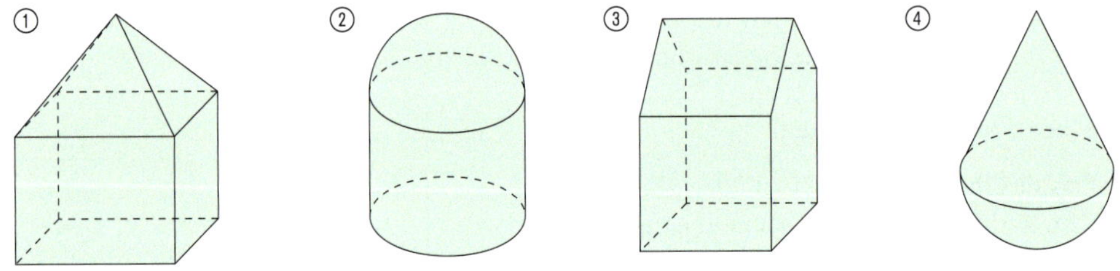

3 Ein zusammengesetzter Körper besteht aus einem Würfel und einer aufgesetzten quadratischen Pyramide mit gleicher Grundkantenlänge. Überprüfe, ob die folgenden Aussagen richtig sind. Begründe deine Meinung.

a) Der Würfel hat acht Ecken und die Pyramide fünf. Also hat der zusammengesetzte Körper 13 Ecken.

b) Der Würfel hat sechs und die Pyramide fünf Flächen. Also besteht der zusammengesetzte Körper aus 11 Flächen.

c) Der Würfel hat zwölf Kanten und die Pyramide acht. Also hat der zusammengesetzte Körper 20 Kanten.

d) Da sich bei dem zusammengesetzten Körper Flächen berühren, verringert sich die Anzahl von Ecken, Kanten und Flächen gegenüber deren Summe bei den Einzelkörpern.

Schrägbild und Netz zusammengesetzter Körper

4 Zeichne auf dem Kästchenraster ein Netz eines Würfels mit 2 cm Kantenlänge, dem eine 2,4 cm hohe gerade, quadratische Pyramide mit gleicher Grundkantenlänge aufgesetzt ist. Berechne zunächst die Länge jeder Seitenkante der Pyramide.

Länge der Seitenkante der Pyramide:

5 Skizziere ein Schrägbild eines 2,3 cm hohen Zylinders, der einen Radius von 4,8 cm besitzt und dem ein 3,2 cm hoher gerader Kegel mit gleicher Grundfläche aufgesetzt ist.

6 Ist dies das Netz eines Quaders mit aufgesetztem Prisma? Begründe deine Entscheidung und gib an, was gegebenenfalls anders gezeichnet sein muss.

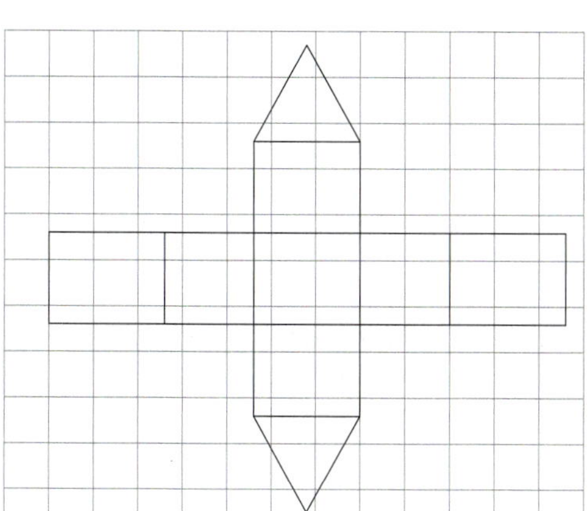

Zusammengesetzte Körper

Zweitafelbilder

7 Die folgende Abbildung zeigt, wie der links als Schrägbild gezeichnete Körper in einem Zweitafelbild dargestellt werden kann. Beschreibe die Vorgehensweise.

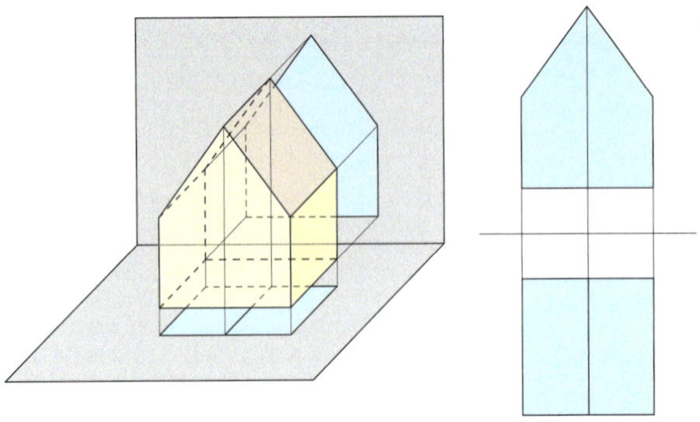

8 Gegeben sind die zwei zusammengesetzten Körper in Schrägbilddarstellung. Entnimm die nötigen Maße der Zeichnung und zeichne die zugehörigen Zweitafelbilder.

①

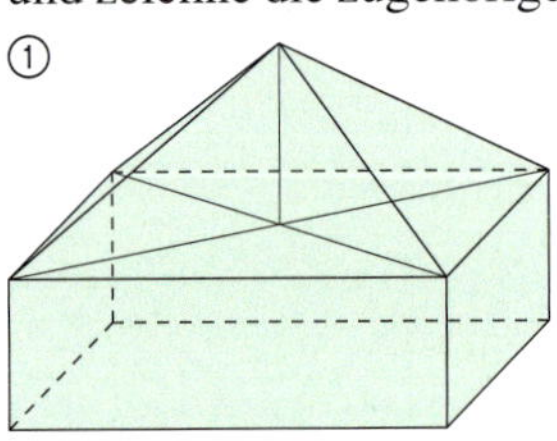

②

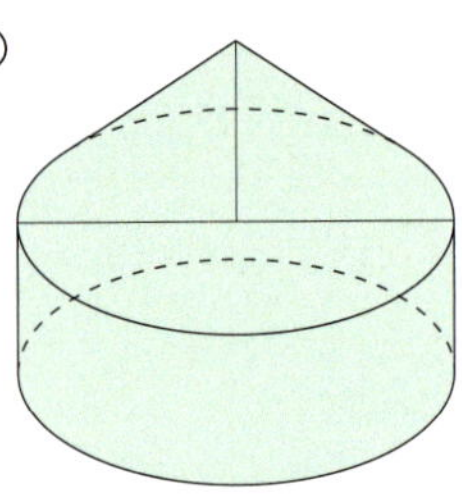

9 Gegeben ist das Zweitafelbild eines zusammengesetzten Körpers. Entnimm die nötigen Maße und zeichne das zugehörige Schrägbild.

a)

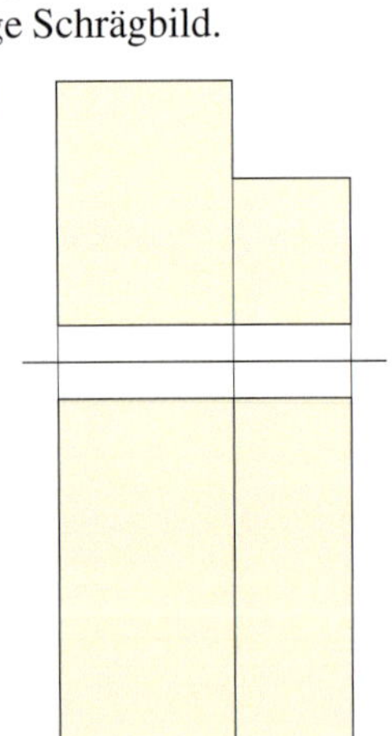

b)

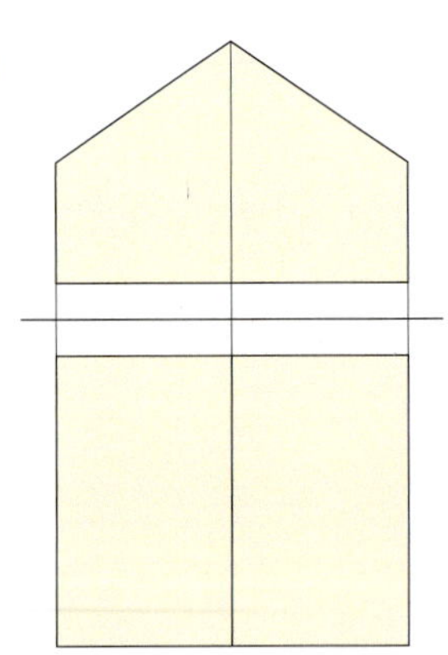

Oberfläche zusammengesetzter Körper

10 Berechne die Oberfläche des Körpers.

a)

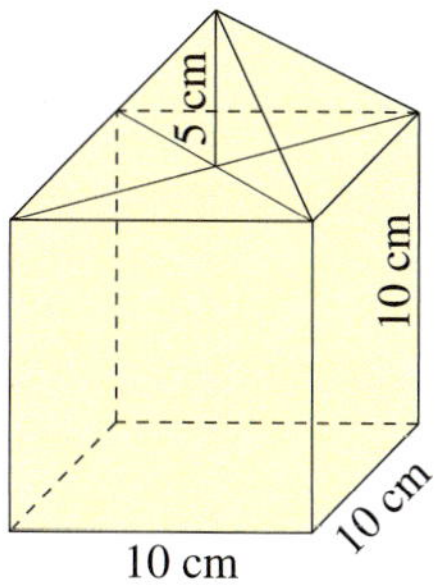

b)

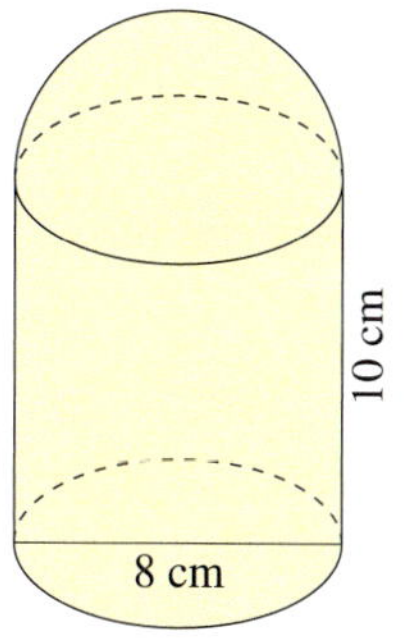

c)

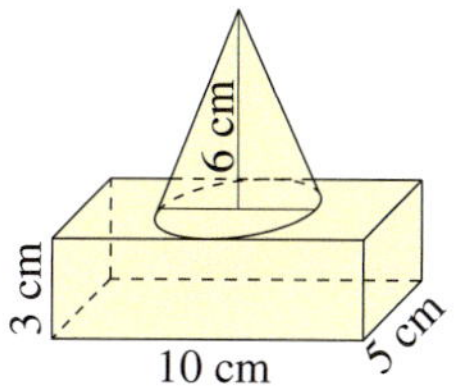

d)

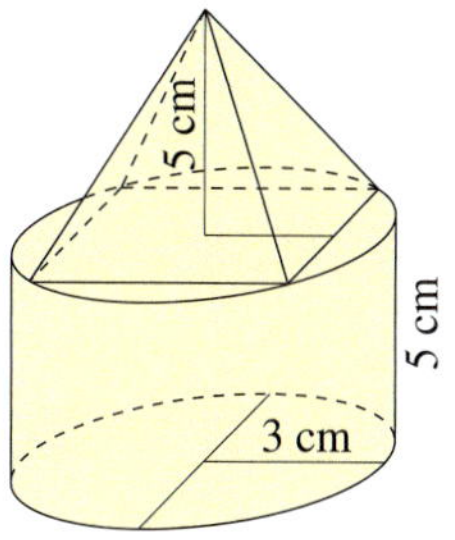

11 Die Zeichnung ist ein vereinfachtes Schrägbild eines Silos.

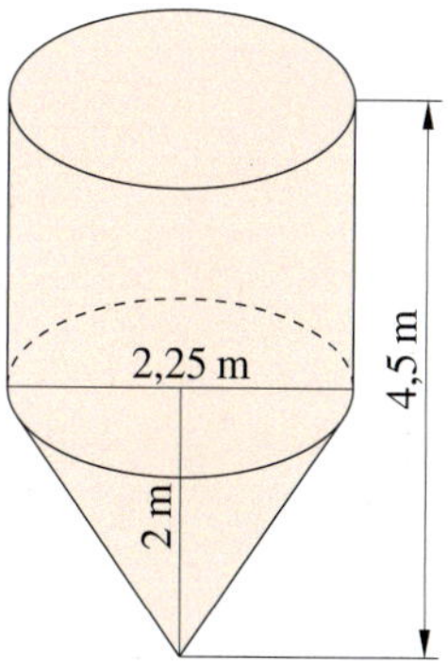

a) Aus welchen Flächen setzt sich die Oberfläche dieses Körpers zusammen?

b) Berechne die Oberfläche des Silos.

c) Welche Menge Farbe wird zum Streichen der Oberfläche benötigt und wie viel kostet das, wenn ein Liter Farbe zum Streichen von 5 m² reicht und der Literpreis 29,90 € beträgt?

d) Ein zweiter Silo hat die gleiche Form, jedoch sind alle Maße doppelt so groß wie beim gegebenen Silo. Ergibt sich die Oberfläche des größeren Silos auch einfach rechnerisch aus der Oberfläche des kleineren Silos? Begründe. Welche prozentuale Steigerung des Oberflächeninhalts ergibt sich?

Zusammengesetzte Körper

Volumen zusammengesetzter Körper

12 Berechne jeweils das Volumen des in Aufgabe 10, Seite 71, dargestellten zusammengesetzten Körpers.

a)

b)

c)

d)

13 Berechne das Volumen des zusammengesetzten Körpers. (Maße in der Zeichnung in cm)

a)

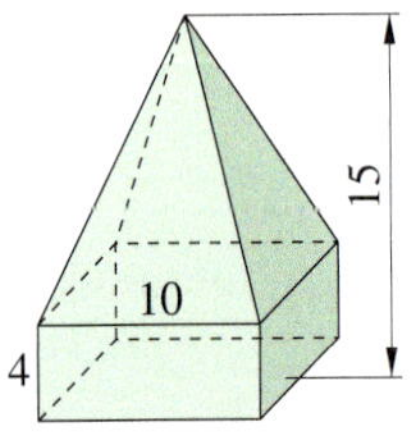

b)

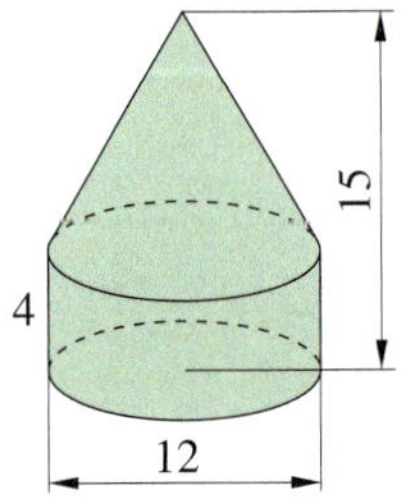

c)

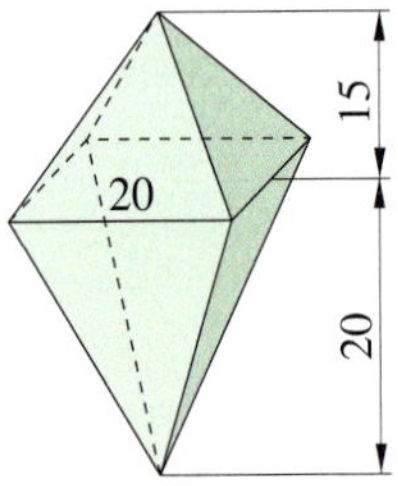

d)

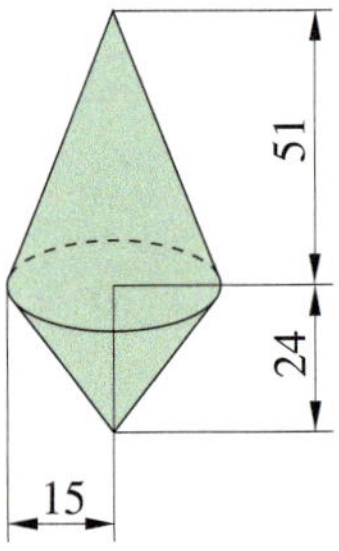

14 Der Rohbau von Häusern wird oftmals nach „umbautem Raum" abgerechnet. Berechne den Preis für den Rohbau, wenn pro m^3 umbauten Raums 215 € verlangt werden. (Maße in der Zeichnung in m)

a)

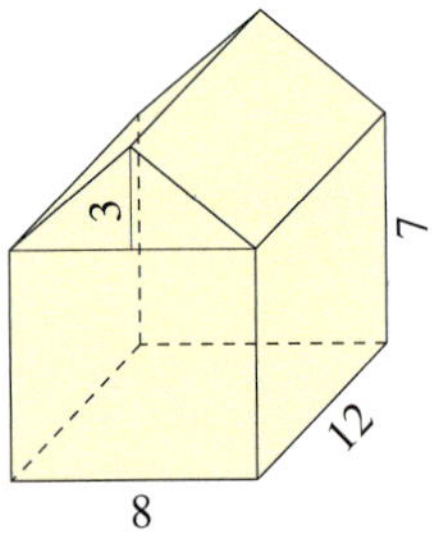

b)

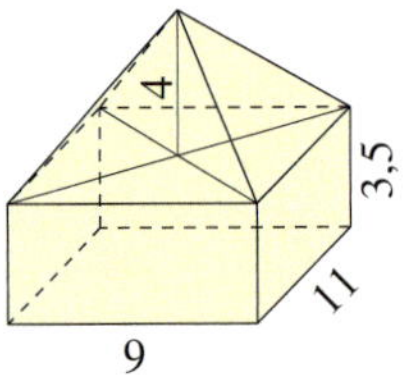

Komplexe Aufgaben

15 Auf den Internetseiten des Tropical Island Dome in Brandenburg findet man auch die folgenden Informationen.

Die Architektur
... zu Hause in der größten freitragenden Halle der Welt
Die Dimensionen sind gigantisch: Die Tropical Islands Halle ist 360 Meter lang, 210 Meter breit und 107 Meter hoch! Die Freiheitsstatue von New York könnte darin stehen, der Eiffelturm von Paris darin liegen. Auf der Grundfläche von 66.000 Quadratmetern finden acht Fußballfelder Platz. Und die Höhe der Halle bietet genügend Raum, um die Skyline des Potsdamer Platzes aufzunehmen.
Quelle: Tropical Island

a) Beschreibe, aus welchen Körpern bzw. Teilen von Körpern das Gebäude vereinfacht zusammengesetzt ist.

b) Zeichne die vereinfachte Grundfläche in einem geeigneten Maßstab und überprüfe, ob tatsächlich acht Fußballfelder in der Halle Platz finden.

c) Berechne nach a) und mit den gegebenen Maßen die Oberfläche des zusammengesetzten Körpers.

d) Für die Belüftung und das Heizen ist es wichtig, das Volumen des Innenraumes zu kennen. Bestimme das Volumen des nach a) beschriebenen zusammengesetzten Körpers mit den gegebenen Maßen.

e) Ein quaderförmiges Gebäude besitze den gleichen Grundflächeninhalt wie die Tropical Island Halle. Bestimme mögliche Maße für Länge, Breite und Höhe eines solchen Quaders, der aber nicht höher sein soll als die Tropical Island Halle.

Zusammengesetzte Körper

Kreuze gleich nach der Fertigstellung der Aufgabe an, wie du mit der Lösung der Aufgabe zurechtgekommen bist.
Trage später nach dem Vergleich mit den Lösungen ein, wie viele Aufgaben du richtig gelöst hast.

1 Einem Würfel mit der Kantenlänge $a = 3$ m wird eine Pyramide mit 3 m Höhe und gleicher Grundkantenlänge aufgesetzt. Welche Aussagen sind richtig? Korrigiere die falschen Aussagen.

① Die Oberfläche besteht aus 4 Quadraten und 4 Dreiecken. ______________________

② Da ein Würfel 8 Ecken hat und die Pyramide 5 Ecken, hat der zusammengesetzte Körper 13 Ecken. ______________________

③ Im Aufriss ergibt sich das gleiche Bild, wenn auf den Würfel ein Kegel mit $r = 3$ cm und $h = 3$ cm aufgesetzt wird. ______________________

Zusammengesetzte Körper charakterisieren und identifizieren ☹ 😐 🙂 😀 /3

2 Ein kleines Haus ist 6 m lang, 8 m breit und 2,5 m hoch. Das aufgesetzte Satteldach ist 1,5 m hoch. Zeichne im Maßstab 1 : 250 ein Schrägbild eines entsprechend zusammengesetzten Körpers und ein Netz dieses Körpers.

Schrägbild und Netz zusammengesetzter Körper ☹ 😐 🙂 😀 /4

3 Zeichne je nach Betrachtungsrichtung des in Aufgabe 2 beschriebenen Hauses die zwei möglichen Zweitafelbilder in dem dort angegebenen Maßstab.

Zweitafelbilder ☹ 😐 🙂 😀 /4

4 Bestimme die Oberfläche des zusammengesetzten Körpers.

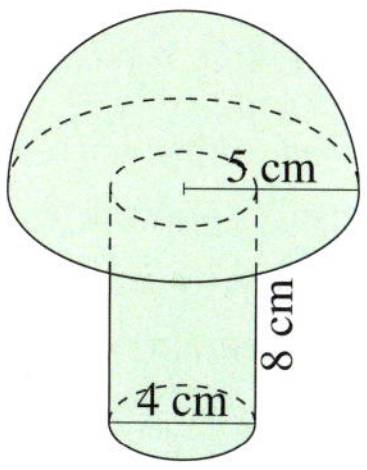

Oberfläche Zusammengesetzter Körper | ☹ | 😐 | 🙂 | 😀 | /5

5 Einem Zylinder, dessen Durchmesser und Höhe gleich lang sind, wird eine Halbkugel mit gleichem Durchmesser aufgesetzt. Die Oberfläche dieses Körpers beträgt $1077{,}6\,cm^2$. Welchen Radius hat der Zylinder?

Oberfläche zusammengesetzter Körper | ☹ | 😐 | 🙂 | 😀 | /4

6 Einem Würfel wird eine Pyramide mit gleicher Grundkantenlänge und gleicher Höhe aufgesetzt. Zeige, dass sich das Volumen mit der Formel $V = \frac{4}{3}a^3$ berechnen lässt und bestimme das Volumen für $a = 15\,cm$.

Volumen zusammengesetzter Körper | ☹ | 😐 | 🙂 | 😀 | /3

7 Einem Kegel mit 4 cm Radius und gleicher Höhe wird eine Halbkugel mit gleichem Radius auf die Grundfläche gesetzt. Sind die folgenden Aussagen richtig? Korrigiere die falschen Aussagen.

① Verdoppelt man den Radius, so verdoppelt sich das Volumen.

② Verdoppelt man die Höhe des Kegels, so nimmt das Volumen um 50 % zu.

③ Das Volumen in cm^3 kann mit der Formel $V = \pi \cdot 4^3$ berechnet werden.

Volumen zusammengesetzter Körper | ☹ | 😐 | 🙂 | 😀 | /3

Solltest du bei Aufgaben noch weiteren Übungsbedarf haben, dann schau in der Ausgangsdiagnose nach, welches Angebot dir zu dem jeweiligen Thema zur Verfügung steht.

S. 66, 67 ←

Einen Pyramidenstern basteln

Der rechts dargestellte Körper wird unter anderem Sterntetraeder oder auch Keplerstern genannt. Eine Grundform ist demnach das Tetraeder.

a) Fertige nach der Vorlage ein Tetraeder mit 8 cm Kantenlänge an und beschreibe den Körper möglichst genau.

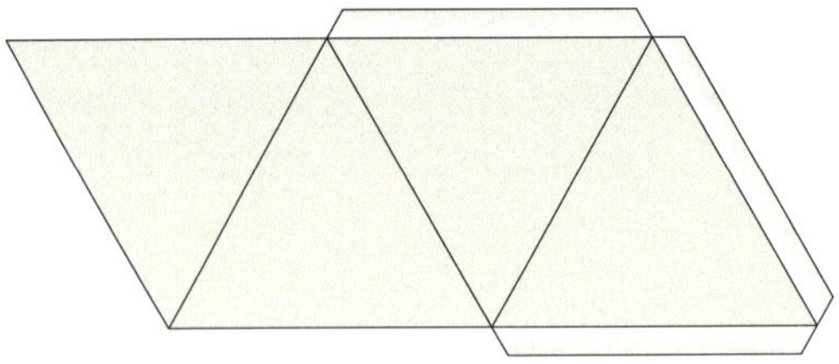

b) Berechne die Oberfläche des in a) gebastelten Tetraeders.

c) Welches Volumen hat das in a) gebastelte Tetraeder? Dazu ist wichtig zu wissen, dass sich die Höhen im gleichseitigen Dreieck im Verhältnis 2 : 1 schneiden und dass die Höhe des Tetraeders genau in diesem Höhenschnittpunkt der Grundfläche steht.

d) Das in a) gebastelte Tetraeder soll durch den Bau von vier weiteren, kleineren Tetraedern zu einem Keplerstern ergänzt werden. Beschreibe dein Vorgehen und gib an, in welchem Verhältnis die Kantenlänge des großen Tetraeders zur Kantenlänge des kleineren Tetraeders steht. Baue den Keplerstern nach.

e) Bestimme die Oberfläche und das Volumen des Sterntetraeders.

Die Pyramiden von Mexiko

Leonie hat gelesen, dass die Pyramiden in Mexiko aus Quadern gefertigt wurden. Sie möchte auch Pyramiden bauen und hat sich gleich große Holzwürfel besorgt. Wie in der Bildfolge dargestellt türmt sie die Würfel nun übereinander.

a) Handelt es sich bei den von Leonie gebauten Objekten tatsächlich um Pyramiden? Begründe.

b) Aus wie vielen Würfeln besteht die kleinste von Leonie gebaute Pyramide?

Wie viele Würfel kommen für die nächstgrößere Pyramide dazu, wie viele sind es insgesamt?

Wie viele Würfel werden für einen Quader mit gleicher Grundfläche und Höhe benötigt?
Vervollständige entsprechend die Tabelle.

Anzahl der Schichten	Anzahl W_P der Würfel der Pyramide	Anzahl W_Q der Würfel des Quaders	$W_P : W_Q$
2	5	8	$5 : 8 = 0{,}625$
3			
4		64	
5			
6			

c) Bestimme auch die Werte für Pyramiden bzw. Quader mit 7, 10, 15 bzw. *n* Schichten. Was fällt dir beim Quotienten $W_P : W_Q$ auf?

d) Die folgende Situation hat nichts mit Leonies Pyramidenbau zu tun, oder gibt es doch eine Verbindung?
Auf einem Schachbrett mit 64 Feldern gibt es nur eine Möglichkeit, ein 8×8-Quadrat zu platzieren. Es gibt vier Möglichkeiten, ein 7×7-Quadrat zu platzieren…

Körper

Kreuze gleich nach der Fertigstellung an, wie du mit der Lösung der Aufgabe zurechtgekommen bist.
Trage nach dem Vergleich mit den Lösungen ein, wie viele Aufgaben du richtig gelöst hast.

1 Aus welchen Körpern ist vereinfacht jeweils das Bauwerk in dem Bildausschnitt zusammengesetzt?

Turm ______________________________

Kirche ______________________________

Körper charakterisieren und identifizieren — / 5

2 Zeichne ein Schrägbild und vervollständige das Quadrat zum Netz einer quadratischen Pyramide, die an der Grundkante 2 cm lang ist und eine Höhe von 1,7 cm hat.

____

____

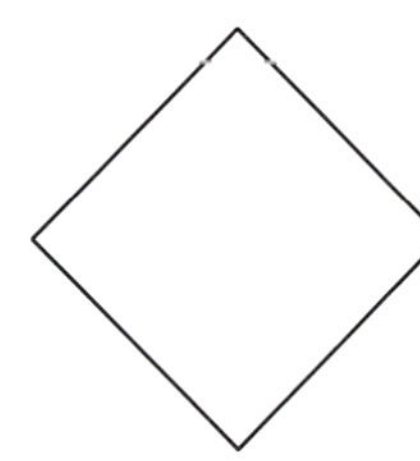

Schrägbild und Netz von Körpern — / 4

3 Zeichne für die in Aufgabe 1 vereinfacht angegebene Zusammensetzung der Bauwerke aus Einzelkörpern mögliche Zweitafelbilder, die annähernd die Form des Gebäudes widerspiegeln.

Zweitafelbilder — / 4

4 Ergänze die Tabelle für Zylinder.

r	d	h	M	O
7 cm		8 cm		
	12 mm	3 cm		
		20 m	3267,3 m^2	
13 cm				1878,7 cm^2

Mantel- und Oberfläche von Zylindern ☹ 😐 🙂 😃 /12

5 Der Feuerwehrschlauch C-42-15 hat einen Innendurchmesser von 42 mm und ist 15 m lang.

a) Wie viel Liter Wasser passen in diesen Schlauch? ______

______

b) Hat der Feuerwehrschlauch C-42-30 ein doppelt so großes Innenvolumen? Begründe.

______

______

Volumen des Zylinders ☹ 😐 🙂 😃 /4

6 Ein Kupferkabel ist 275 m lang und hat 1 mm Durchmesser. Bestimme das Gewicht, wenn 1 dm^3 Kupfer 8,8 kg wiegt.

______

______

______

Volumen des Zylinders ☹ 😐 🙂 😃 /3

7 Für den Bau einer Unterführung wurden 1 m hohe Betonringe mit einem Innendurchmesser von 2500 mm verwendet. Die Wanddicke beträgt 150 mm.

a) Berechne das Volumen eines Betonrings.

______

______

b) Berechne das Gewicht eines Betonrings, wenn 1 m^3 Beton ca. 2400 kg wiegt.

______

Hohlzylinder ☹ 😐 🙂 😃 /3

8 Berechne die Oberfläche des Körpers.

a) quadratische Pyramide; $a = 32\,\text{cm}$; $h = 40\,\text{cm}$

b) Kegel; $r = 1\,\text{m}$; $h = 2{,}5\,\text{m}$

c) Kugel; $r = 128\,\text{mm}$

Oberfläche von Pyramiden, Kegeln und Kugeln — /5

9 Ergänze die Tabelle für eine quadratische Pyramide.

a	s	h_a	h	V
8 cm			10 cm	
15 m				750 m³
		33,3 dm	28 dm	

Volumen von Pyramiden, Kegeln und Kugeln — /9

10 Welcher der drei Körper hat das größte Volumen? Unterstreiche bzw. markiere farbig.

① Kugel; $r = 6\,\text{cm}$; ② Kegel; $r = 6\,\text{cm}$; $h = 11\,\text{cm}$; ③ Kegel; $r = 11\,\text{cm}$; $h = 6\,\text{cm}$

Volumen von Pyramiden, Kegeln und Kugeln — /4

11 Bestimme das Volumen und die Oberfläche des zusammengesetzten Körpers.

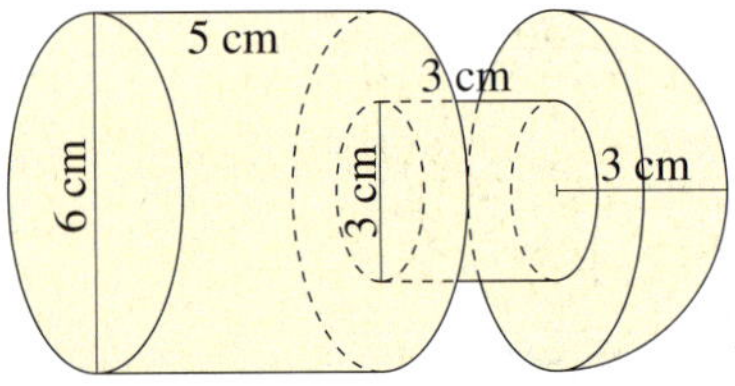

Flächeninhalte zusammengesetzter Figuren — /2

Solltest du bei Aufgaben noch weiteren Übungsbedarf haben, dann schau in den Ausgangsdiagnosen nach, welches Angebot dir zu dem jeweiligen Thema zur Verfügung steht.

S. 38, 39; S. 44, 45; S. 54, 55; S. 66, 67 ←